मशारूम

लेखकों का परिचय

डॉ. राजेश प्रसाद पटेल सह प्रध्यापक एवं विभाग प्रमुख के पद पर राजमाता विजयराजे सिंधिया कृषि विश्वविद्यालय ग्वालियर, पौध रोग विज्ञान विभाग उद्यानिकी महाविद्यालय मन्दसौर (मध्य प्रदेश) में कार्यरत है। डॉ. पटेल का शिक्षण एवं अनुसंधान के क्षेत्र में बीस वर्षो का अनुभव है। डॉ. पटेल अब तक 40 शोधपत्र लिख चुके है जो कि विभिन्न राष्ट्रीय एवं अंतर्राष्ट्रीय शोध पत्रिकाओं में प्रकाशित हो चुके है और उनके सदस्य भी है। कृषि संबधित 50 लोकप्रिय एवं वैज्ञानिक लेख समाचार पत्रो एवं विभिन्न पत्रिकाओं में एवं 4 तकनीकी बुलेटिन प्रकाशित हो चुके है। डॉ. पटेल किसानों को पौध रोग से संबधित नवीनतम जानकारी एवं इससे संबधित विभिन्न समस्यायों का समाधान करते आ रहे है। समय समय पर राज्य एवं केन्द्र सरकार की योजनाओ के तहत किसानों को प्रशिक्षण देने का कार्य भी करते आ रहे है।

डॉ. आर. एन. कानपुरे सहायक प्रध्यापक के पद पर राजमाता विजयराजे सिंधिया कृषि विश्वविद्यालय ग्वालियर, फल विज्ञान विभाग उद्यानिकी महाविद्यालय मन्दसौर (मध्य प्रदेश) में कार्यरत है। डॉ. कानपुरे का शिक्षण एवं अनुसंधान के क्षेत्र में पंद्रह वर्षो का अनुभव है। डॉ. कानपुरे के मार्गदर्शन में अब तक 30 स्नाकोत्तर शोध छात्र अपनें शोध कार्य पूर्ण कर चुके है। डॉ. कानपुरे अब तक 35 शोधपत्र लिख चुके है जो कि विभिन्न राष्ट्रीय एवं अंतर्राष्ट्रीय शोध पत्रिकाओं में प्रकाशित हो चुके है और उनके सदस्य भी है। कृषि संबधित 40 लोकप्रिय एवं वैज्ञानिक लेख समाचार पत्रो एवं विभिन्न पत्रिकाओं में तथा 2 तकनीकी बुलेटिन प्रकाशित हो चुके है। डॉ. कानपुरे किसानों को उद्यानिकी फसलों से संबधित नवीनतम जानकारी प्रदान करते आ रहे है तथा समय समय पर राज्य एवं केन्द्र सरकार की योजनाओ के तहत किसानों को प्रशिक्षण देने का कार्य भी करते आ रहे है।

डॉ. अजय हलदार अतिथि संकाय पद पर राजमाता विजयराजे सिंधिया कृषि विश्वविद्यालय ग्वालियर, उद्यानिकी महाविद्यालय मन्दसौर (मध्य प्रदेश) में कार्यरत है। डॉ. हलदार अब तक 30 शोधपत्र लिख चुके है जो कि विभिन्न राष्ट्रीय एवं अंतर्राष्ट्रीय शोध पत्रिकाओं में प्रकाशित हो चुके है। कृषि संबधित 25 लोकप्रिय एवं वैज्ञानिक लेख समाचार पत्रो एवं विभिन्न पत्रिकाओं में प्रकाशित हो चुके है।

मशरूम
उत्पादन, प्रबंधन एवं विपणन

लेखक
डॉ. राजेश प्रसाद पटेल
सह प्रध्यापक एवं विभाग प्रमुख, पौध रोग विभाग
राजमाता विजयराजे सिंधिया कृषि विश्वविद्यालय
उद्यानिकी महाविद्यालय मन्दसौर (म.प्र.)

डॉ. आर. एन. कानपुरे
सहायक प्रध्यापक फल विज्ञान विभाग
राजमाता विजयराजे सिंधिया कृषि विश्वविद्यालय
उद्यानिकी महाविद्यालय मन्दसौर (म.प्र.)

एवं

डॉ. अजय हलदार
अतिथि संकाय
राजमाता विजयराजे सिंधिया कृषि विश्वविद्यालय
उद्यानिकी महाविद्यालय मन्दसौर (म.प्र.)

न्यू इंडिया पब्लिशिंग एजेन्सी
नई दिल्ली – 110 034

न्यू इंडिया पब्लिशिंग एजेन्सी
101, विकास सूर्या प्लाजा, सी.यू. ब्लाक
एल.एस.सी. मार्किट, पीतम पुरा, नई दिल्ली–110034
दूरभाष 91(11)27341717 फैक्स 91(11) 27341616
Email: info@nipabooks.com
Web: www.nipabooks.com

ISBN 978-93-89907-0-63

RVSKVV Pub. No. 106/2019

मुद्रक एवं प्रकाशक : न्यू इंडिया पब्लिशिंग एजेन्सी, नई दिल्ली

राजमाता विजयाराजे सिंधिया कृषि विश्वविद्यालय
राजा पंचम सिंह मार्ग, ग्वालियर (म.प्र.) – 474002
Rajmata Vijayaraje Scindia KrishiVishwa Vidyalaya
(An ISO Certified: 2008)
Tel: 0751 2970502, Fax: 0751 2970504, E-mail: vervsaugwa@mp.gov/in

प्रो.एस.के.राव
कुलपति
Prof. S.K. Rao
Vice-Chancellor

क्रं./कुल./2019–20/1376
दिनांक: 10/10/19

संदेश

प्राचीन काल से ही मानव मशरूम का उपयोग विभिन्न प्रकार के व्यंजन बनाकर करता आ रहा है। आज भी स्वाभाविक रूप से उपयुक्त वातावरण मिलने पर जंगलों में निकलने वाली मशरूम को भारत के कई प्रांतों के लोग उपयोग करते है। जंगलो से एकत्रित कर इस खुम्भी का बाजार में विपणन भी करते है। प्राचीन समय में मशरूम की कृत्रिम रूप से खेती करनें का ज्ञान मानव को नही था, इसलिये वे लोग जंगलो, पहाड़ो एवं मैदानों में उगने वाले मशरूम का उपयोग करते थे। जैसे जैसे सभ्यता का विकास होता गया तथा खुंभी के अनेक लाभो का पता चला वैसे वैसे प्रकृति में उगने वाली मशरूम पर प्रयोगशालाओं में विश्व के लगभग सभी देशो में अनुसंधान प्रारंभ हुआ एवं कृत्रिम रूप से खेती प्रारंभ हुई। वर्तमान समय में मशरूम का उत्पादन सर्वाधिक चीन में हो रहा है इसके अलावा फ्रान्स, जापान, पोलैन्ड, अमेरिका आदि देश अग्रणी है। भारत में भी उपभोक्ताओं को काफी पसंद होने के कारण मशरूम उत्पादन का दायरा दिनो–दिन बढ़ता जा रहा है क्योकि इसमें मौजूद पौष्टिक तत्व, कम समय, कम क्षेत्र, अधिक उपज, भूमि पर कम निर्भरता तथा अनेको कृषि अवशिष्ट पर उगनें के कारण भोजन का एक अच्छा स्त्रोत है। इसके उत्पादन को बढ़ाने के उद्देश्य से देश के विभिन्न विश्वविद्यालयों में स्नातक स्तर पर पाठयक्रम चलाये गये है साथ ही साथ इस पर अनुसंधान कार्य भी प्रारंभ किये गये है। मशरूम उत्पादन में जागरूकता बढ़ाने के लिये कृषि विज्ञान केद्रो तथा स्वयंसेवी संगठनों द्वारा प्रशिक्षण दिया जा रहा है।

मेरा मानना है कि विश्वविद्यालय के सभी कृषि विज्ञान केन्द्रों में कृषको, उद्यमियों एवं कृषि महाविद्यालय के विद्यार्थियों को प्रशिक्षण दिया जाना चाहिये जिससे लघु ,सीमांत कृषक, बेरोजगार युवक, एवं उद्यमी महिलाये इसका भरपूर लाभ उठाकर अपनी आय में वृद्धि कर सके। मुझे पूर्ण आशा है कि इस पुस्तक के माध्यम से बेरोजगार युवको, कृषको एवं अन्य खुंभी उत्पादको को मशरूम उत्पादन संबधित जानकारी प्राप्त होगी और जो समस्याये उत्पादन के समय आयेगी उसका निराकरण भी होगा। लेखकगण द्वारा लिखी गई पुस्तक **मशरूमः उत्पादन, प्रबंधन एवं विपणन** संबधित लाभार्थियो के लिये अत्यंत उपयोगी सिंद्ध होगी। इस कार्य के लिये लेखकगण बधाई के पात्र है।

S.K. Kumararao

एस. कोटेश्वर राव

अधिष्ठाता कृषि संकाय
राजमाता विजयाराजे सिंधिया कृषि विश्वविद्यालय
राजा पंचम सिंह मार्ग, ग्वालियर–474002(म.प्र.)
DEAN FACULTY OF AGRICULTURE
Rajmata Vijayaraje Scindia Krishi Vishwa Vidyalaya
Raja Pancham Singh Marg, Gwalior-474002 (M.P.)

डॉ. मृदुला बिल्लौरे
Dr. Mridula Billore
अधिष्ठता कृषि संकाय
Dean Faculty of Agriculture

अधिष्ठता कृषि संकाय	दूरभाष	फैक्स	ई–मेल
Dean Faculty of Agriculture	**Phone 0751-2970507**	**Fax 0751-2970507**	**E-mail: dfarvskvv@gmail.com**

क्र./अ.कृ.सं./2019–20/1569 दिनांक 25/09/2019

दो शब्द

राष्ट्र की बढ़ती हुई जनसंख्या के कारण प्रति व्यक्ति कृषि भूमि का आकार लगातार कम होता जा रहा है जिसके कारण केवल कृषि करना लाभकारी साबित नही हो पा रहा है। इस परिस्थिति में कृषि से संबधित अन्य व्यवसाय विशेष रूप से मशरूम उत्पादन को अपनाया जाना चाहिये ताकि प्रति व्यक्ति आय में वृद्धि हो सके। मशरूम एक ऐसा व्यवसाय है जिसमें अन्य फसलों की तरह खाद, सिचाई, निदाई गुड़ाई और अन्य पोषक तत्वो को देने कि आवश्यकता नही होती है। यह कम जगह में छायादार स्थानो पर, खाली पड़े हुये मकानो में आसानी से उगायी जा सकती है। मशरूम पोषक तत्वो से भरपूर होती है तथा इसका उपयोग भारत में सब्जी के रूप में तथा अन्य व्यंजन बनानें के लिये किया जाता है। अन्य कृषि के साथ यदि इसकी भी खेती की जाय तो किसानों की आमदनी बढ़ानें में मददगार हो सकता है।

इस पुस्तक में भारत में उगाई जानें वाली मशरूम की प्रजातियों का समावेश किया गया है तथा उत्पादन संबधित सभी तकनीकियों का विस्तार से विवरण दिया गया है। इसके औषधीय गुणो के बारे मे एवं उपयोग के बारे में भी चर्चा की गई है।

लेखको का प्रयास सराहनीय है तथा सरल एवं सटीक भाषा का उपयोग किया गया है। यह पुस्तक कृषको, कृषि प्रसारकर्ताओं, कृषि में लगे अधिकारी/कर्मचारी, बेरोजगार युवक, उद्यमी महिलायें, कृषि एवं उद्यानिकी महाविद्यालय के विद्यार्थियों के लिये अत्यंत उपयोगी सिद्ध होगी।

कृषि संकाय

राजमाता विजयाराजे सिंधिया कृषि विश्व विद्यालय
के.एन.के. उद्यानिकी महाविद्यालय, मन्दसौर (म.प्र.)

डॉ. एस.एन. मिश्रा
अधिष्ठाता
उद्यानिकी महाविद्यालय, मंदसौर (म.प्र.)

Ph. 07422-242289 (O)
Email-ID: deanmandsaur2008@gmail.com

प्राक्कथन

आजकल केन्द्र सरकार व राज्य सरकारें स्वरोजगार को बढ़ावा देनें वाली योजनाओं पर बल दे रही है। इन्ही स्वरोजगार योजनाओं के अर्न्तगत मशरूम उत्पादन भी एक अच्छा व्यवसाय सिद्ध हो सकता है। यह सेल्यूलोज युक्त पदार्थो को बहुमूल्य प्रोटीन में बदलनें की क्षमता के कारण, बढ़ती जनसंख्या के लिये पोषक खाद्य की कमी को पूर्ण करनें का एक अच्छा स्त्रोत है। मशरूम कृषि अवशेषो में उपस्थित सेल्यूलोज, हेमी सेल्यूलोज, लिग्निन आदि पदार्थो को अपघटित करके फलनकाय बनाते है जो पौष्टिकता के साथ–साथ और स्वास्थ की दृष्टि से भी उपयोगी है। भारत में मशरूम को विभिंन्न स्थानो पर विभिन्न नामो से जाना जाता है जैसे फूटू, बॉस पिहरी, ढिगरी आदि। मानव जाति को स्वस्थ रखनें के लिये इसमें विभिन्न प्रकार के पोषक तत्व पाये जाते है जैसे प्रोटीन, विटामिन, खनिज एवं लवण जो कि विभिन्न रोगो जैसे उच्च रक्तचाप, कैन्सर, मधुमेह आदि रोगियो के लिये अधिक लाभकारी सिद्ध हुआ है। इसमें फोलिक अम्ल एवं लवणिक तत्व पाये जाते है जो खून में लाल रक्त कणिकाओं को बनाने मे सहायक होते है। डॉक्टर एवं डाइटीशियन मोटापा, मधुमेह एवं ह्रदय रोगियो को इसका सेवन करने की सलाह देते है। इसकी खेती को कम जगह पर कम लागत लगाकर शुरू किया जा सकता है।

लेखकगणों द्वारा मशरूम उत्पादन से संबधित महत्वपूर्ण जानकारियॉ इस पुस्तक में समावेश की गई है जो कि सभी उत्पादको, कृषको, उद्यमियों एवं विद्यार्थियो के लिये महत्वपुर्ण साबित होगी।

SNmishra
अधिष्ठाता

प्रस्तावना

मशरूम एक प्रकार की खानें वाली दृश्य कवक का फलनकाय होता है जो भूमि सतह के ऊपर या नीचे उगती है एवं इसे कवक जगत के अर्तगत रखा गया है। मशरूम को नग्न आखो से स्पष्ट देखा जा सकता है तथा इसे हाथ के द्वारा चुना जा सकता है। इसमें हरित पदार्थ नही पाया जाता है इसलिये यह अपना भोज्य पदार्थ स्वयं हरे पौधे की तरह नही बना सकता है और दूसरे मृत कार्बनिक पदार्थ पर निर्भर रहता है। मशरूम कई प्रकार के होते जैसे खाद्य, अखाद्य, औषधीय, विषैले मशरूम आदि। प्रकृति में मशरूम की अनेक प्रकार की प्रजातियां पायी जाती है जिसमें कुछ अखाद्य (विषैली) एवं कुछ खाद्य (खाने योग्य) होती है। खुंभी की लगभग 3000 प्रजातियॉ ऐसी है जिसकी पहचान खाने योग्य खुंभी की श्रेणी में की गई है। विश्व में लगभग 25 मशरूम की ऐसी प्रजातियां है जिसकी कृत्रिम रूप से विश्व के कई देशो में व्यवसायिक तौर पर खेती की जा रही है। मशरूम प्रकृति में वर्षा के मौसम में विभिन्न स्थानों पर जैसे कूड़े कचरें के ढेर, मैदानो, पहाड़ो, जंगलो एवं गुफाओं आदि स्थानों पर उपयुक्त वातावरण मिलनें पर उगते हुये देखा जा सकता है तथा इसमें से कुछ खानें योग्य एवं कुछ जहरीले होते है। पुराण एवं शास्त्रो के अनुसार मशरूम बादल के कड़कनें एवं गरजनें से भूमि पर उगती है। इसका वर्णन प्राचीन सहित्य वेद, बाइविल आदि ग्रन्थो में मिलती है। मशरूम एक प्रमुख शाकाहारी आहार के रूप में जाना जाता है। खाद्य एवं कृषि संगठन के अनुसार मशरूम प्रोट्रीन की कमी को दूर करनें में महत्वपूर्ण भूमिका निभाता है क्योकि यह सेल्यूलोज युक्त पदार्थो को बहुमूल्य प्रोटीन में बदलनें की क्षमता रखता है। इसमें लगभग सभी प्रकार के पोषक तत्व पाये जाते है जैसे सभी विभिन्न प्रकार के अमीनो अम्ल, विटामिन बी कम्पलेक्स, विटामिन डी, खनिज लवण एवं रेशेदार तत्व आदि। मशरूम मे कई प्रकार के औषधीय गुण भी पाये जाते है जैसे उच्च रक्तचाप, मधुमेह, आयरन की कमी को दूर करने आदि। इससे कई बीमारियों की औषधि बनाई जाती है जैसे कैन्सर, एड्स, हेपैटाइटिस आदि। व्यवसायिक तौर पर औषधीय मशरूम गैनोडर्मा के नाम से बाजार में कैप्सूल के रूप में उपलब्ध है। देश के विभिन्न क्षेत्रो में मशरूम पर अनुसंधान केद्र स्थापित किये गये है जो कृषि अनुसंधन परिषद, नई दिल्ली द्वारा संचालित होते है। इस पाठ्य पुस्तक को लिखनें में शोध पत्रो, बुलेटिन एवं पुस्तको की सहायता ली गयी है। उन सभी लेखको, वैज्ञानिको ,साथियो एवं प्रकाशको का ह्दय से अभार प्रकट करते है, जिन्होनें पुस्तक लेखन में बहुमूल्य योगदान दिया है। मशरूम को बढ़ावा देने के लिये देश के सभी कृषि एवं उद्यानिकी महाविद्यालयों में बी.एस. सी. (कृषि) एवं बी.एस.सी.(उद्यानिकी) अंतिम सत्र के विद्यार्थियों के लिये छः माह का कोर्स

चलाया गया है जिससे छात्र स्वरोजगार अपना सके। यह पुस्तक मातृ भाषा में तकनीकी विषयो की प्रचलित शैली में सामान्यजन को समझाने के उदेश्य से लिखी गई है जो किसानों, उद्यामियों, विद्यार्थियों एवं अन्य उत्पादको के लिये प्रेरणा का श्रोत बनेगी।

लेखक

विषय सूची

तालिका सूची

प्लेट

फ्लोचार्ट

अध्याय 1

परिचय (Introduction)

मशरूम का सेवन प्राचीन काल से ही विभिन्न व्यंजन बनाकर मनुष्य उपयोग करता आ रहा है। मशरूम की अनेक प्रकार की किस्में जो प्रकृति में पायी जाती है,उपयुक्त वातावरण मिलनें पर जंगलों में घास के मैदानो में उगती है इसे मनुष्य जंगलो से एकत्रित कर बाजार में विपणन के लिये ले जाते थे। फ्रान्स में पहली बार खेती करनें का प्रचलन प्रारंभ हुआ।

1. परिभाषा (Definition)

मशरूम खाने वाली फफूंद का फलनकाय (Fruiting body) होता है, जिसमें बीजाणु धारण करने की क्षमता होती है। दूसरे शब्दों में मशरूम खाने वाली फफूंद का जननीय भाग (Reproducting organ) होता है, जो गूदेदार प्रकृति का होता है। वातावरण में मशरूम की कुछ प्रजातियां जमीन की सतह के ऊपर उगती है जिसे भूम्यूपरिक (Epigeal) कहते है, इसमें बीजाणु का प्रसारण (Dissemination) हवा के द्वारा होता है, एवं मशरूम की कुछ प्रजातियां जमीन की सतह के नीचे पायी जाती है जिसे अधोभूमिक (Hypogeal) कहते है, ये बन्द प्रकृति के होते है एवं इसमें बीजाणु का प्रसारण हवा के द्वारा नहीं होता है। मशरूम में हरा पदार्थ (Chlorophyll) का अभाव होता है, इसलिये ये स्वयं भोज्य पदार्थ नहीं बनाते बल्कि दूसरे कार्बनिक पदार्थ के ऊपर आश्रित रहते है, इसलिये इसे मृतजीवी (Saprophyte) कहते है। मशरूम में मुख्य रूप से दो भाग होते है जिसमें भूमि के ऊपर के भाग जो टोपी, स्टाइप, छल्ला एवं गिल्स भगो से मिलकर बना होता है एवं भूमि के नीचे का भाग छोटे महीन धागे के सामान संरचनाओं से बना होता है जिसे कवकजालीय (Mycelial) कहते है जो पोषाधार (substratum) से भोज्य पदार्थ अवशोषित करते है।

2. खाने वाली (खाद्य) एवं विषैली (अखाद्य) मशरूम (Edible and non edible mushroom)

प्रकृति में निकलने वाली मशरूम की प्रजातियों में कुछ मशरूम खाने वाली और कुछ मशरूम विषैली होती है, जिसकी पहचान करना कठिन कार्य है। अमानिटा की कई प्रजाति विषैली होती है जिसमें एमाटॉक्सिक नामक विषैला पदार्थ पाया जाता है, ऐसे खुम्भ का उपयोग करने पर शरीर के विभिन्न अंगों पर उसका प्रभाव पड़ता है। कुछ प्रकार की मशरूम के सेवन से उल्टी (Vomiting) होती है, कुछ मशरूम तंत्रिका तंत्र (Nervous system), यकृत (liver), गुर्दा (Kidney), पर बुरा प्रभाव पड़ता है। *एमानिटा मास्केरिया* मशरूम की प्रजाति देखने पर सुन्दर दिखती है परंतु अत्यंत विषैली होती है। कुछ जंगली मशरूम की जातियां विषैली होती है जिसे सरलता से नहीं पहचाना जा सकता है, इसलिये इसे खाने में उपयोग नहीं करना चाहिये। जंगली मशरूम को काटने पर सफेद द्रव जैसा पदार्थ निकले तब भी मशरूम का सेवन नहीं करना चाहिये। कृत्रिम रूप से उगाई जाने वाली प्रजाति विषैली नहीं होती है। इसकी एक अलग ही पहचान होती है।

3. मशरूम का वर्गीकरण (Classification of mushroom)

खाये जानें वाले मशरूम को फाइलम एस्कोमाइकोटा एवं बेसिडियोमाइकोटा के अन्तर्गत वर्गीकृत किया गया है।

अ) **फाइलम एस्कोमाइकोटा**– इसके अन्तर्गत मोरेल्स एवं ट्यूबर की प्रजातियां पायी जाती है। इसमें मुग्दराकार संरचना बनती है जिसे एस्कस कहते है जिसके अन्दर एस्कोस्पोर बनते है। अधिकतर मशरूम क्लास डिस्कोमाइसिटीज के अर्न्तगत आते है तथा इस क्लास के अन्तर्गत निम्नलिखित प्रमुख जातियां सम्मलित की गई है।

i) ***मोरचेला* स्पेसीज (*Morchella* species)**– यह प्रजाति वर्ग पेजीजियेल्स के अर्न्तगत आती है जिसमें प्रमुख जातियॉ जैसे *मोरचेला सेम्लीबेरा, मोरचेला एन्गुस्टीसेप्स, मोरचेला डेलीसिओजा, मोरचेला इरेसीपीज* और *मोरचेला एसकुलेन्टा* है जो जम्मू एवं कश्मीर की पहाड़ियो हिमांचल प्रदेश में पाये जाते है।

ii) **ट्यूबर स्पेसीज (*Tuber* species)**– यह प्रजाति *ट्यूबर ट्रफिल्स* के नाम से जाना जाती है इसकी प्रमुख प्रजातियॉ *ट्यूबर एस्टीवम, ट्यूबर मैगाटम* एवं *ट्यूबर रिफम* है।

iii) **टरफेजिया (*Terfezia*)** – इसके अर्न्तगत पायी जानें वाली प्रजातियॉ की फलनकाय नाशपाती के आकार के होते है।

ब) **फाइलम बेसिडियोमाइकोटा** – इसके अन्तर्गत सबसे अधिक प्रजातियॉ सम्मलित की गई है। इसकी प्रमुख विशेषता यह होती है कि बेसीडियोबीजाणु बेसिडिया पर स्थित स्टेरिगमैटा संरचना पर बनते है। फाइलम बेसिडियोमाइकोटा को क्लास गैस्ट्रोमाइसिटीज एवं हाइमेनोमाइसिटीज में विभाजित किया गया है।

i) **गैस्ट्रोमाइसिटीज** – इसके अर्न्तगत बेसिडियोकार्प बन्द होते है तथा बेसिडिया एवं बेसिडियोस्पोर बन्द बेसिडियोकार्प के अन्दर परिपक्व होते है। बेसिडियोकार्प के बाहर पेरिडियम पायी जाती है जो ग्लीबा को ढके रहती है। *कैल्वेटिया साइथिफार्मिस, कैल्वेटिया यूट्रीफार्मिस, लाइकोपरडान इचीनेटम* आदि खानें वाली प्रजाति है।

ii) **हाइमेनोमाइसिटीज**– इसके अन्तर्गत बेसिडिया सुविकसित हाइमेनियम में बनते है जिस पर बेसिडियोस्पोर बनते है। कुछ खाने वाली मशरूम को निम्नलिखित आर्डर में विभाजित किया गया है।

अ) **आर्डर ट्रीमेलेल्स एवं आरीकुलेरेल्स** – इसके अन्तर्गत आने वाले मशरूम का फलनकाय चिपचिपा एवं मोम जैसा होता है। *आरीकूलेरिया पालीट्राईचा, आरीकूलेरिया आरीकुला, ट्रेमेला फ्यूसीफार्मिस* एवं *ट्रेमेला मेसेनटेरिका* आदि प्रमुख प्रजातियॉ है।

ब) **आर्डर एफाइलोफोरेल्स** – इसके अन्तर्गत पोलीपोरस मशरूम आते है, इसके फलनकाय गूदेदार, कार्क जैसा अथवा लकड़ी जैसे सख्त हो सकता है। *हेरीसियम इरीनेसियस* खाने वाली प्रजाति है।

स) **आर्डर एगेरिकेल्स**– फलनकाय गूदेदार होते है तथा बेसिडिया पर 2, 4 अथवा 8 बेसिडियोबीजाणु पाये जा सकते है। *लेन्टीनस, प्लूरोटस, एगेरिकस* एवं *ट्राइकोलोमा* की प्रजातिया इस वर्ग के अन्तर्गत आते है।

तलिका 1 : खाये जानें वाले मशरूम का संक्षिप्त वर्गीकरण

फाइलम (Phylum)	क्लास (Class)	आर्डर (Order)	फेमली (Family)	जीनस (Genus)
i) एस्कोमाइकोटा (Ascomycota)	डिस्कोमाइसिटीज (Discomycetes)	पेजीजियेल्स (Pezizales)	मोरसिलेसी (Morchellaceae)	*मोरचेला* (*Morchella*)
			ट्यूबरेसी (Tuberarceae)	*ट्यूबर* (*Tuber*)
			टरफेजेसी (Turfeziaceae)	*टरफेजिया* (*Terfezia*)
			पेजाइजेसी (Pezizaceae)	*पेजाइजा* (*Peziza*)
ii) बेसिडियोमाइकोटा (Basidiomycota)	गैस्ट्रोमाइसिटीज (Gastromycetes)	लाइकोपरडेल्स (Lycoperdales)	लाइकोपरडेसी (Lycoperdaceae)	*कैल्वेटिया* (*Calvatia*), *लाइकोपरडान* (*Lycoperdon*) *बोविस्टा* (*Bovistas*)
		स्कलेरोडर्मेटेल्स *(Scleroder-matales)*	स्कलेरोडर्मेटेसी (Scleroder mataceae)	*पिसोलिथस* (*Pisolithus*)
		फेलेल्स *(Phallales)*	फेलेसी (Phallaceae)	*डिक्टियोफोरा* (*Dityophora*)
		हाइमेनोगैस्टेरेल्स *(Hymenoga-sterales)*	हाइमेनोगैस्ट्रेरेसी (Hymenoga-straceae)	*मिलैनोगैस्टर* (*Melanog-aster*) *पोडेक्सिस* (*Podaxis*) *राइजोपोगोन* (*Rhizopogon*)
	हाइमेनोमाइसिटीज (Hymenomycetes)	एगेरिकेल्स *(Agaricales)*	रूसूलेसी (Russulaceae)	*रूसूला* (*Russula*) *लैक्टेरियस* (*Lactarius*)
			ट्रइकोलोमाटैसी (Tricholo-mataceae)	*ट्रइकोलोमा* (*Tricholoma*), *फ्लेमुलिना* (*Flammulina*), *टरमिटोमाइसीज* (*Termitomyces*), *लेन्टीनुला* (*Lentinula*),

		क्लटोसाइबी (*Clitocybe*) एवं *प्लुरोटस* (*Pleurotus*)
	बोलेटेसी (Boletaceae),	*बोलेटस* (*Boletus*)
	अमानिटेसी (Amanitaceae),	*अमानिटा* (*Amanita*)
	इन्टोलोमैटेसी (Entolomataceae)	*क्लिटोपाइलस* (*Clitopilus*)
	एगेरिकेसी (Agaricaceae)	एगेरिकस (*Agaricus*) लेपियोटा (*Lepiota*) माइक्रोलेपियोटा (*Microlepiota*)
	कोपरीनेसी (Coprinaceae)	कोप्रीनस (*Coprinus*)
	प्लूटिऐसी (Pleutaceae)	प्लूटियस (*Pluteus*) वोलवैरिल्ला (*Volvariella*)
	कोर्टीनेरिऐसी (Cortinariaceae)	फोलिओटा (*Pholiota*)
	स्ट्रोफेरिऐसी (Strophariaceae)	स्ट्रोफेरिया (*Stropharia*) सिलोसाइबी (*Psilocybe*)
ट्रीमेलेल्स (Tremellales)	ट्रीमेलिऐसी (Tremellaceae)	ट्रीमेलि (*Tremella*)
आरीकुलेरिऐल्स (Auriculariales)	आरीकुलेरिऐसी (Auriculariaceae)	टारीकुलेरिया (*Auricularia*)
एफायलोपोरेल्स (Aphylloporales)	कैन्थेरेलैसी (Cantharellaceae)	कैन्थेरेलस (*Cantharellus*)
	क्लैवैरिऐसी (Clavariaceae)	क्लैवैरिया (*Clavaria*)
	हिडनेसी (Hydnaceae)	हिडनम (*Hydnum*)
	हेरिसिऐसी (Hericiaceae)	हेरिसियम (*Hericium*)

स्त्रोत: Book on Modern mushroom cultivation by Reeti Singh and U.C. Singh (2005)

4. मशरूम उत्पादन की उपयुक्त प्रजातियां (Different species of mushroom production)

विश्व एवं भारत में जलवायु के अनुसार उपयुक्त तापमान और आर्द्रता के आधार पर मशरूम का उत्पादन किया जाता है। मशरूम की प्रजातियों का सामान्य नाम एवं वैज्ञानिक नाम तालिका नं. 2 में दर्शाया गया है।

तालिका 2 : मशरूम की विभिन्न जातियों एवं प्रजातियों का सामान्य एवं वैज्ञानिक नाम

क्रम संख्या	सामान्य नाम	वैज्ञानिक नाम
1.	बटन / यूरोपियन / शीतोष्ण (Button/Europian/Temperate)	*अगेरिकस बाइस्पोरस* (*Agaricus bisporus*)
2.	बटन / इडुलिस / गर्म मौसम का मशरूम (Button/Edulis/Tropical mushroom)	*अगेरिकस बाइटारक्यूस* (*Agaricus bitorquis*)
3.	आयस्टर मशरूम Oyster mushroom	*प्लूरोटस* प्रजातिया (*Pleurotus* spp.)
4.	पैडीस्ट्रा / चाइनीज / उपोष्ण मशरूम (Paddy straw/Chinese/Tropical mushroom)	*वोलवेरिल्ला वोलवेसिया* (*Volvariella volvacea*)
5.	ब्लैक ईयर मशरूम (Black ear mushroom)	*औरीकुलेरिया पोलीट्राइका* (*Auricularia polytricha*)
6.	ह्वाइट मिल्की मशरूम (White milky mushroom)	*कैलोसाइबी इन्डिका* (*Calocybe indica*)
7.	ब्राउन कैप / जाइन्ट मशरूम (Brown cap/Giant mushroom)	*स्ट्रोफेरिया रूगोसो एनुलेन्टा* (*Stropharia ruguso anulata*)
8.	शिटेक मशरूम (Shitake mushroom)	*लेन्टीनुला इडोड्स* (*Lentinula edodes*)

स्त्रोतः चान्ग 1987

5. मशरूम उत्पादक देश (Mushroom producing country)

वर्तमान समय में मशरूम का उत्पादन और निर्यात विश्व के लगभग सभी देशो में किया जाता है परन्तु सबसे अधिक उत्पादन, निर्यात एवं उपभोग करनें वाला देश चीन है जो विश्व का लगभग 70 प्रतिशत उत्पादन करता है। मशरूम का उत्पादन दिन प्रतिदिन बढ़ता जा रहा है जो तलिका न. 3 में दर्शाया गया है।

तालिका 3 : विभिन्न देशो में मशरूम का उत्पादन टन में (वर्ष 1997, 2007 एवं 2014)

क्रम संख्या	देश	वर्ष		
		1997	**2007**	**2014**
1.	चीन	1450000	4060000	7626791
2.	युनाइटेड स्टेट आफ अमेरिका	366810	359630	432100
3.	नीदरलैन्ड	240000	240000	310000
4.	पोलैन्ड	107207	140000	254224
5.	स्पेन	81304	131974	149854
6.	फ्रान्स	173000	162450	108540
7.	इटली	57646	85911	600114
8.	आयरलैन्ड	57800	81000	69600
9.	कनाडा	68020	73260	102526
10.	युनाइटेड किंगडम	107359	71500	94857
11.	जापान	74782	67000	65811
12.	जर्मनी	60000	55000	59923
13.	इन्डोनेशिया	19000	48247	37410
14.	भारत	9000	37000	28000
15.	आस्ट्रेलिया	35485	42739	60023
16.	कोरिया	13181	28764	27130
17.	इरान	12601	28000	80239
18.	हन्ग्री	13559	21637	22603
19.	वियतनाम	12269	18636	22000
20.	डेनमार्क	8766	11000	10026
21.	थाइलैन्ड	9000	8802	1000
22.	इजरायल	1260	9500	10000
23.	साउथ अफ्रीका	7406	10320	17299
24.	न्युजीलैंन्ड	7500	8500	607
25.	स्विटजरलेन्ड	7239	7440	8155
	कुल विश्व उत्पादन	**3101498**	**5990976**	**10378163**

World production of mushrooms up to 2014 (*Source*: In tons FAOSTAT data on 8-19-2017)

6. भारत में मशरूम उत्पादन (Mushroom production in India)

सिंह एवं सहयोगी (2017) के अनुसार वर्तमान समय में विश्व में शिटेक, आयस्टर, वुड इयर एवं बटन मशरूम का उत्पादन क्रमशः 22,19,18 एवं 15 प्रतिशत है। भारत

में सबसे अधिक बटन मशरूम इसके पश्चात आयस्टर मशरूम एवं अन्य मशरूम जैसे मिल्की मशरूम, पैडी स्ट्रा मशरूम एवं शिटेक मशरूम का व्यवसायिक उत्पादन किया जाता है। वर्तमान समय में आई.सी.ए.आर.–डी.एम.आर., सोलन (2016) द्वारा दिये गये आकड़े (Data) के अनुसार केवल बटन मशरूम का उत्पादन 94676 मेट्रिक टन है। हरियाणा एवं पंजाब बटन मशरूम उत्पादन में सबसे अग्रणी राज्य है। जिसका विवरण तालिका नं. 4 में उल्लेखित है।

तालिका 4: भारत में मशरूम उत्पादन (मैटिक टन)

राज्य	बटन मशरूम	आयस्टर मशरूम	मिल्की मशरूम	अन्य मशरूम	कुल
आन्ध्र प्रदेश	3000	500	15	0	3515
अरूणान्चल प्रदेश	20	5	0	1	26
आसाम	20	100	5	0	126
बिहार	950	1500	150	0	2600
चन्डीगढ़	20	200	35	89	344
दिल्ली	3000	50	20	0	3070
गोवा	4200	20	0	0	4220
गुजरात	1000	1200	0	0	11200
हरियाणा	1500	50	50	0	15100
हिमाचल प्रदेश	9000	110	30	10	9150
जम्मु एवं कशमीर	565	50	15	0	630
झारखंड	200	20	0	0	220
कर्नाटक	700	320	160	0	1180
केरल	0	500	300	0	800
महाराष्ट्र	10000	2000	50	0	12050
मध्य प्रदेश	10	5	0	0	15
मनीपुर	0	10	50	0	60
मेघालय	25	2	0	0	27
मिजोरम	0	50	0	0	50
नागालेन्ड	0	75	0	250	325
उड़ीसा	126	6310	0	9550	15986
पंजाब	16000	2000	0	0	1800
राजस्थान	100	1000	0	200	1300
सिक्किम	1	2	0	0	3
तमिलनाडू	6500	2000	1500	0	10000
त्रिपुरा	0	100	0	0	100

उत्तराखंड	8189	1228	819	0	10236
उत्तर प्रदेश	7000	100	0	0	7100
पश्चिम बंगाल	50	1500	0	500	2050
अंडमान एवं निकोबार	0	300	0	0	300

स्त्रोतः आई.सी.ए.आर.– डी.एम.आर. सोलन (2016)

7. भारत में बटन मशरूम (Button mushroom production units in India) उत्पादन इकाई

i) मेसर्स हिमालया इन्टरनेशनल, प्रा. लि., वन्दनगर, गुजरात।

ii) मेसर्स एग्रो डच मशरूम, प्रा. लि., चन्डीगढ़।

iii) मेसर्स एग्रो जूरी एग्रो फार्म, गोवा।

iv) मेसर्स तिरूपति बाला जी प्रोडक्ट, प्रा. लि, बारामति, पूना।

v) मेसर्स फ्लेक्स, प्रा. लि, देहरादून, उत्तराखंड।

vi) मेसर्स वीकफील्ड फूड, प्रा. लि,हवेली, पूना।

vii) मेसर्स विकास मशरूम फार्म प्रा. लि, सोलन, हिमांचल प्रदेश।

viii) मेसर्स कुलकरनी फार्म फ्रेस बेलगाम, कर्नाटक।

8. भारत में उपोष्णकटिबंधीय (Subtropical) एवं उष्णकटिबंधीय (Tropical) मशरूम उत्पादन इकाई

i) प्रिन्स मिल्की मशरूम इरोड, तमिलनाडू।

ii) चन्द्रशेखरन मिल्की मशरूम विलीपुरम, तमिलनाडू।

iii) सिंद्धार्थ आयस्टर मशरूम नाशिक, महाराष्ट्र।

iv) मोहन प्रसाद आयस्टर मशरूम जामी, बिहार।

v) फ्लोरा एग्रो अयस्टर मशरूम, थानें, महाराष्ट्र।

vi) ढीप आयस्टर मशरूम अहमेदनगर, महाराष्ट्र।

vii) रूचि मशरूम, पैडी स्ट्रा मशरूम, मयूरभंज, उड़ीसा।

viii) जयंन्ती प्रधान पैडी स्ट्रा मशरूम, खेन्डूपल्ली, उड़ीसा

ix) एस एम लारम्बा पैडी स्ट्रा मशरूम, बारगढ़, उड़ीसा।

x) माधव साहू बारपाली पैडी स्ट्रा मशरूम, बारगढ़, उड़ीसा।

9. मशरूम उत्पादन का महत्व (Importance of mushroom production)

i) **प्रोटीन एवं अन्य पोषक तत्वो का अच्छा स्त्रोत**– मशरूम में उच्च गुणवत्ता वाली प्रोटीन होती है जो सुपाच्य होती है। सूखे भार के अनुसार 19 से 35 प्रतिशत तक प्रोटीन पायी जाती है। जो अन्य सब्जियों की तुलना में सर्वाधिक और अच्छे गुण वाली होती है। इसमें विटामिन बी कॉम्प्लेक्स और विटामिन सी पाये जाते है। मशरूम खनिज लवण का भी स्त्रोत है, उसमें फास्फोरस, कैल्शियम, आयरन (फोलिक एसिड) पाया जाता है।

ii) **औषधीय गुणो से युक्त**– मशरूम औषधीय गुणों से भरपूर है। इसका उपयोग उच्च रक्तचाप एवं मधुमेह जैसी घातक बीमारी के उपचार के लिए किया जाता है। इसके अलावा इसमें एन्टी बैक्टीरियल, एन्टी वायरल एवं एन्टी फन्गल गुण भी पाया जाता है।

iii) **कृषि अवशिष्ट का भरपूर उपयोग**– मशरूम का उत्पादन करनें के लिये कृषि अवशेष जैसे गेहूँ का भूसा, सोयाबीन का भूसा, धान का पुआल, धान की भुसी, कपास का अवशेष, ज्वार, बाजरा, मक्के का डंठल आदि का उपयोग किया जाता है जो कि बहुत अधिक मात्रा में पैदा होता है एवं जिसे किसानों द्वारा नष्ट कर दिया जाता है।

iv) **वातावरण को प्रदूषण मुक्त रखने में सहायक**– मशरूम का उत्पादन कृषि अवशेष पर किया जाता है। जिसकी अत्यधिक मात्रा को कृषकों द्वारा जला दिया जाता है जिससे विषैली गैस जैसे कार्बन मोनोआक्साइड एवं कार्बन डाईआक्साइड उत्पन्न होती है जिससे वायुमण्डल प्रदुषित होता है। यदि मशरूम का उत्पादन इन अवशेषो पर किया जाये तो कृषि अवशेष का भरपूर उपयोग हो जाता है। जो वायुमण्डल को प्रदुषण मुक्त रखने में सहायक होता है।

v) **भूमि की उर्वरा शक्ति बढ़ाने में सहायक**– मशरूम का उत्पादन लेने के पश्चात् बचे हुए अवशेष का उपयोग खाद (कम्पोस्ट) बनाने में कर लिया जाता है, जिससे अच्छी किस्म की खाद बनती है उस खाद का उपयोग खेती करनें योग्य मृदा में करने से जमीन की भौतिक दशा सुधरती है।

vi) **खेती के लिये अनुपयोगी मृदा का उपयोग**– ऐसी समस्या ग्रस्त मृदायें (लवणीय, क्षारीय एवं अम्लीय) जहॉ पर उत्पादन नही लिया जा सकता ऐसी जगह का उपयोग मशरूम उत्पादन में किया जा सकता है।

vii) **छायादार स्थान का सदुपयोग**– ऐसी जगह जहां पर सूर्य की रोशनी नहीं पहुंचती हो, हमेशा छाया रहती हो ऐसी जगह का उपयोग मशरूम उत्पादन में किया जा सकता है। ऊंचे छायादार पौधों के नीचे मशरूम की खेती की जा सकती है।

viii) **ग्रामीण विकास में सहायक**– ग्रामिण इलाकों में इसकी खेती सुगमता पूर्वक की जा सकती है क्योंकि वहां पर कृषि अवशेष सुगमता पूर्वक उपलब्ध हो जाते है। ग्रामीण युवक, युवती एवं महिलाओं को रोजगार के अवसर प्राप्त हो सकते हैं।

ix) **कम लागत एवं कम स्थान की आवश्यकता**– मशरूम की खेती के लिये खेत की आवश्यकता नहीं होती है, कम जगह में कम लागत लगाकर मशरूम की खेती सुगमता पूर्वक की जा सकती हैं।

x) **खेती के लिये उच्च तकनीकी की अवश्यकता नही**– मशरूम का बीज उपलब्ध हो जाने पर किसी विशेष तकनीकी की आवश्यकता नहीं होती है। मशरूम की खेती शिक्षित एवं अशिक्षित सभी कर सकते है।

xi) **देश की अर्थ व्यवस्था सुधारने में सहायक**– किसी भी देश की अर्थ व्यवस्था कृषि के ऊपर निर्भर रहती है। यदि कृषि उत्पादन घटता है तो देश की अर्थ व्यवस्था चरमरा जाती हैं। खुंभ की खेती अपनाने से देश की अर्थ व्यवस्था सुधारने में सहायक सिद्ध हो सकती है।

10. मशरूम का जीवन चक्र (Life cycle)

अधिकांश मशरूम क्लास बेसिडियोमाइसिटीस ऑर्डर अगेरिकेल्स (Agaricales) के अंतर्गत वर्गीकृत है। जिसका मुख्य लक्षण मशरूम की टोपी के नीचे गिल्स का पाया जाना है, जिसमे बिजाणु (Spores) का निर्माण होता है। सुक्ष्मदर्शीय अध्ययन करने पर उसके बीजाणु गलफडे (Gills) की सतह पर बनते है। जब खुम्भ की टोपी (Cap) पुर्णरूप से परिपक्व (Mature) हो जाती है तो उस समय इसके बीजाणु अत्यधिक सख्या मे निकलते है। जो हवा के द्वारा एक स्थान से दूसरे स्थान पर पहुंचते है और जमीन में स्थापित हो जाते है उपयुक्त वातावरण अर्थात वर्षा के मौसम में जब पर्याप्त आर्द्रता (Humidity) और आवश्यक तापमान (Temperature) मिलता है उस परिस्थिति में बीजाणु अंकुरित होते है। प्रारंभ में जो बीजाणु अंकुरित होते हैं उसे प्रारंभिक कवक जाल (Primary mycelium) कहते है। जो एक केन्द्रीय एवं अगुणित (Haploid) होते है।

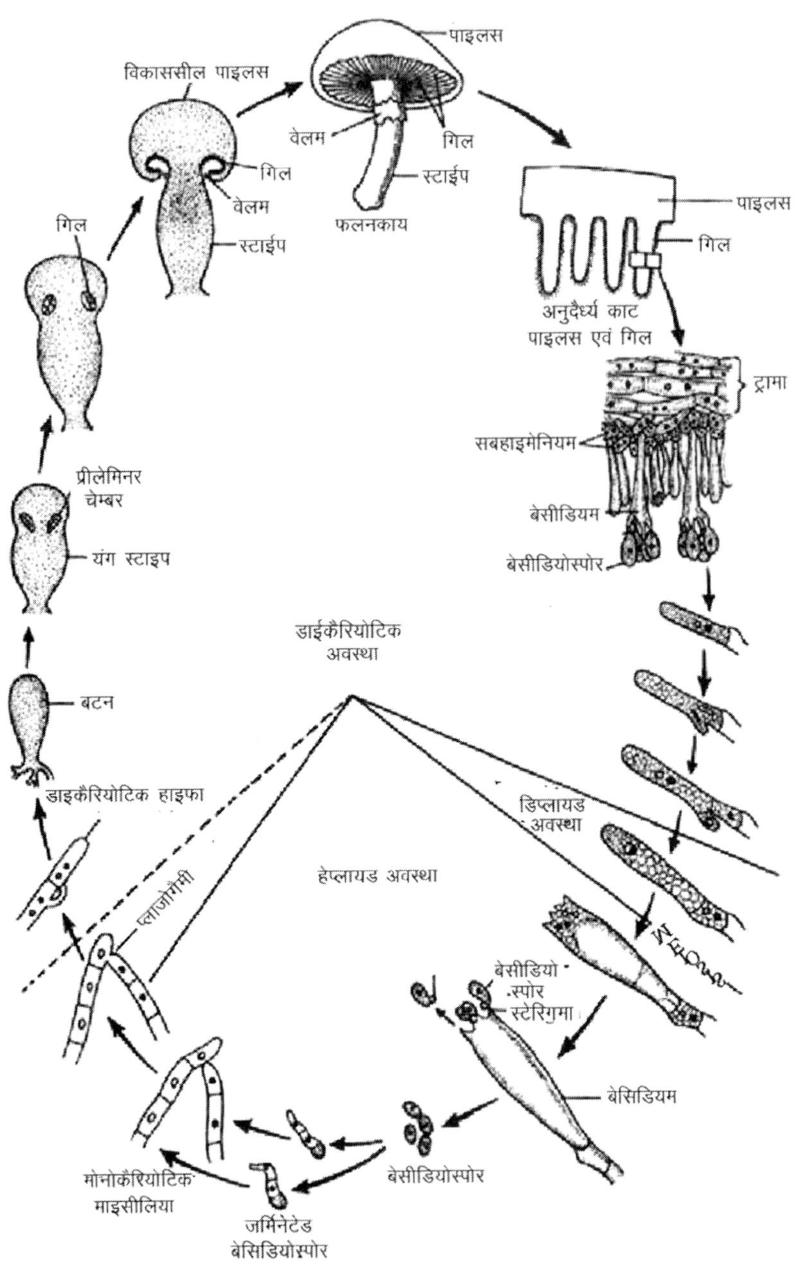

मशरूम का जीवन चक्र

यह स्थिति कुछ ही समय के लिये रहती है। विभिन्न प्रकार के बीजाणु अंकुरित होते है। और इसके कवकजाल एक दूसरे से मिल जाते है। और द्वितीयक कवक जाल (Secondary mycelium) का निर्माण करते है। कवकजाल पटयुक्त (Septate) होते है और इसमें आवश्यक अंग (Organeles) पाये जाते है। कवकजाल के टूटने पर नई कालोनी (New colony) बनाने में सक्षम होते है। मशरूम आधार से आवश्यक भोज्य पदार्थ सरल अणुविक के रूप में लेता है जो कवकजाल के द्वारा पोषक आधार (Substrate) से अवशोषित (Absorb) करता है। कवकजाल की शाखाए इन्जाईम (Enzyme) उत्पादित करती हैं जो जटिल (Complex) कर्बोहाइड्रट्स, लिपिड और प्रोटीन को सरलता (Simplest) में परिवर्तित कर देता है जिसे कवक तन्तु के द्वारा अवशोषित कर लिया जाता है। यह कवकजाल, आधार को भेदित (Penetrate) करती हैं और इस अवस्था में मशरूम की आवश्यक वृद्धि हो चुकी होती है और उर्जा संग्रहीत कर फलनकाय का निमार्ण करती है।

मशरूम फलनकाय अवस्था में आने पर यह सबसे पहले पिन हेड अथवा प्रिमोरडिया के रूप में निकलती है जो शीघ्र ही बढ़ कर बटन या संरचना में बदल जाती है, जिसके नीचे गलफड़े बनते हैं। गिल्स के किनारे में विशिष्ट कोशिका बनती है, जिसमें दो केन्द्रक पाये जाते है। जोकि दो विभिन्न प्रकार के कवकजाल की कोशिका से आते है। यह दोनों केन्द्रक आपस मे मिल (Fuse) जाते है। इस कोशिका को बेसिडिया कहते है। जब दो केन्द्रक आपस में मिलते हैं तो उस अवस्था को कैरियोगैमी कहते है। जिसके परिणाम स्वरूप द्विगुणित केन्द्रक (Diploid nuclei) बेसिडियम बनते है। कुछ समय पश्चात् द्विगुणित केन्द्रक में अर्द्धसूत्री विभाजन (Meiosis Division) होता है और चार प्रकार के केन्द्रक बनते है। जो बेसिडियल कोशिका में स्टेरिगमेटा के द्वारा बाहर निकलती हैं जिसे बेसिडियोस्पोर्स कहते है, जो विकसित होकर बहुत तेजी से बाहर निकलते है।

अध्याय 2

मशरूम का संक्षिप्त इतिहास
(Brief History of Mushroom)

मशरूम को फ्रेन्च शब्द कवक और मोल्ड से लिया गया है। एशिया में 600 वर्ष पहले खेती करने का उल्लेख मिलता है। 17 वीं सदी मे यूरोप में खाने में उपयोग किया गया। मशरूम संभवतः तब तक खाया गया होगा जब तक इस ग्रह पर लोग मौजूद थे। हमारे पूर्वज सदियों से जंगलों और खेतों में उगने वाले मशरूम प्रजाति का उपयोग करते थे। थियोफ्रस्टस (372–287 बी.सी.) नें लिखा है कि यह खलिहानों, चारगाहो, एवं खेतो में उगनें वाली मशरूम को खया जाता है। रोमानियों के मीनू में भी मशरूम थी। एजेटेम्स और मिस्त्र के लोग खाद्य कवक को देवताओं का भोजन मानते थे। पेरिस के आसपास सन् 1650–51 में एक तरबूज उत्पादक (Grower) ने मशरूम की खोज की। उन्होनें परिपक्व मशरूम को तरबूज के खेत में धोया और उसके उपर छिड़क दिया कुछ दिन बाद देखा की फसल के ऊपर बहुत से मशरूम उग आये है। इस युग में मशरूम की खेती की शुरूआत यही से की गई और इसका नाम दिया गया "चैम्पियन डी पेरिस" (परीसियन मशरूम) जो खाद्य प्रेमियों के लिए एक संस्था बन गई। तरबूज उत्पादन से मशरूम उत्पादन के पेशे में बदलाव आया जो लाभदायक था, दूसरों ने इसका अनुसरण किया और पेरिस विश्व का मशरूम केन्द्र बन गया।

18 वीं सदी की शुरूआत में मशरूम को एक कदम आगे ले जाया गया। ऐसा माना जाता है कि घोडें की चारागाह में मशरूम बहुत अधिक मिल सकता है। बगीचों में घोडें की लीद के ऊपर मशरूम को उत्पादित करने का प्रयास काफी सफल रहा है। इस पद्धति से मशरूम उत्पादित करने का नुकसान यह रहा कि लोग तापमान और आर्द्रता को नियंत्रित नही कर पाते थे और उन्हें मौसम के ऊपर निर्भर रहना पड़ता था। 1780 में फ्रेन्च माली चेम्बरी ने पाया कि बढ़ते मशरूम को लगभग 100 प्रतिशत आर्द्रता (नमी) और 10 सेन्टीग्रेड तापमान की आवश्यकता होती है, जो कि गुफाओं के अन्दर आदर्श माहोल था। जंगली खाद्य कवक को हजारों साल से लोगों

द्वारा उपयोग किया जाता रहा है। आरो सोन (2000) के अनुसार ईसा मसीह के जन्म से कई सौ साल पहले मशरूम को चीन के जंगलों से इकट्ठा करके खाने का उल्लेख मिलता हैं। बुलर (1914) के अनुसार प्राचीन ग्रीक और रोमन काल में मशरूम को जंगलों से इकट्ठा किया गया जो अधिक मूल्यवान था। वान्ग (1987) के अनुसार सदियों पहले बहुत अधिक मात्रा में मशरूम को जंगलों से तथा खेत से एकत्रित करके लोग विपणन करते थे। टर्न फोर्ट (1707) के अनुसार घोड़े के लीद के ऊपर उन्नत तरिके से ब्रिटेन में खेती की गई। इसके पश्चात् विश्व के कई देशों में इस विधि से खेती प्रारंभ की गई। उन्नीसवी सदी के अन्त तक अमेरिका और पश्चिमी देशों में *अगेरिकस बाईस्पोरस* की खेती आधारित उद्योग स्थापित हो गये। 1960 में अमेरिका, कोरिया, जापान, यूरोप आदि देशों में इसकी प्रयोगशाला स्थापित हो गई एवं स्पॉन तथा मशरूम उत्पादन के लिये बडे बडें फार्म स्थापित हो गये। फ्लेग एवं सहयोगी (1985) के अनुसार विश्व में लगभग 80 देशों में मशरूम उगाई जा रही है।

मशरूम उत्पादन के महत्वपूर्ण वर्ष निम्नानुसार हैः

1651– पेरिस में तरबूज उत्पादन ने अपने खेत में मशरूम की खोज की और उत्पादन करने का फैसला लिया।

1707– वनस्पति उद्यान में खाद्य कवक की पहली बार नियंत्रित खेती की गई।

1800– में भूमिगत पत्थर की खदानों में खेती की गई जहां पर जलवायु उपयुक्त थी।

1886– मशरूम की कुछ प्रजातियों को एन. डब्लू. न्युटन ने उगाया था।

1896– बी. सी.राय. ने स्थानिय प्रजातियों का रसायनिक विश्लेषण किया।

1900– वाल्फेन वर्ग में फ्लेवेलग्रेटन (मखमली गुफायें) में और मास्ट्रिक्ट के पास सेट पीटर वर्ग की गुफाओं में मशरूम की खेती की गई।

1908– सर डेविड़ प्रान नें खाने योग्य मशरूम की खोज की।

1918– कोलकाता में लेफ्टीनेन्ट करनल किर्तिकार ने मशरूम को उगाया।

1934– अनुसंधान संस्थान नान्दविद नीदरलैण्ड में पहली बार वैज्ञानिक ढंग से मशरूम के कल्चर का अध्ययन किया गया।

1939– कृषि विभाग ने चेन्नई में चाइनीज मशरूम को उगाया।

1943– कोयंबटूर में मशरूम के उत्पादन तकनीकी विकसित करनें का प्रयास किया गया।

1946– महान मशरूम अग्रदूत श्री वेल्स और उनकी पत्नी डॉ. वेल्स कोनिंग के मार्गदर्शन में दक्षिणी लिम्वर्ग में मशरूम अनुसंधान प्रयोगशाला स्थापित की।

1950– पहली बार आधुनिक मशरूम नर्सरी का निर्माण किया गया जिसके अंतर्गत ट्रे कान्क्रीट की बनाई गई।

1953– सी.एन.सी. की स्थापना की गई।

1955– लकडी के बक्से में मशरूम उगाई गई।

1957– मशरूम कल्चर के लिए अनुसंधान केन्द्र की स्थापना की गई तथा मूक में डच सहकारी समिती बनाई गई।

1960– धातु की ट्रे एवं लकड़ी के शय्या मे खेती की।

1960– अर्तराष्ट्रीय शोध पत्रिका मशरूम रिसर्च की शुरूआत।

1961– हिमांचल प्रदेश सरकार और भारतीय कृषि अनुसंधान परिषद के संयुक्त प्रयास से बटन मशरूम का उत्पादन किया गया।

1971– भारतीय कृषि अनुसंधान संस्थान द्वारा संचालित समन्वित योजना की शुरूआत।

1983– 8 जून को भारतीय कृषि अनुसंधान परिषद ने मशरूम के अनुसंधान एवं प्रचार प्रसार के लिये हिमांचल प्रदेश सोलन में अनुसंधान एवं प्रसार केन्द्र की स्थापना की।

1984– भारत में अनुसंधान एवं प्रचार प्रसार के लिए विभिन्न प्रदेशों में अखिल भारतीय समन्वित मशरूम अनुसंधान परियोजना की शुरूआत।

2008– राष्ट्रीय मशरूम अनुसंधान केन्द्र सोलन को आई.ए.आर.आई., नई दिल्ली ने मशरूम, अनुसंधान निर्देशालय में परिवर्तित कर दिया गया।

अध्याय 3

मशरूम की आकारकी
(Morphology of Mushroom)

मशरूम मुख्य रूप से फाइलम बेसिडियोमाइकोटा और एस्कोमाइकोटा के अंतर्गत वर्गीकृत है। सामान्यतः कवक (Fungi) के गूदेदार (Fleshy structure) संरचना को मशरूम (Mushroom) कहा जाता है। मशरूम में पत्ती (Leaf), फूल (Flower), कलिका (Buds) एवं हरित लवक (Chlorophyll) का आभाव होता है।

1. मशरूम की संरचना (Structure of mushroom)

मशरूम के फलनकाय को मुख्य रूप से दो भागो में विभाजित किया गया है।

(अ) भूमि के ऊपर का भाग

(ब) भूमि के नीचे का भाग

(अ) भूमि के ऊपर का भाग

भूमि के ऊपर के भाग को पुनः चार उप भागो में विभाजित किया गया है।

i) टोपी (Cap or Pileus)

ii) गलफड़े (Gills or Lamelae)

iii) बेल (Vell)

vi) तना (Stipe or Stalk)

v) वोल्ल्वा (Volva, Universal veil)

i) **टोपी (Cap or Pileus)**– मशरूम की सबसे ऊपरी संरचना को टोपी कहते हैं। यह छतरी के आकार का या टोपी के आकार का मोटा (Thick) झिल्लीदार अथवा कार्की (Membranous or Corky) होता है।

इसके आकार एवं आकृति (Shape & Size) रंग (Colour) में विभिन्नता पायी जाती है। टोपी की सतह चिकनी (Smooth), रोयेदार (Hairy) अथवा खुरदुरी (Rough) हो सकती है, यह जननीय भाग (Reproductive organ) की रक्षा करती है।

ii) **गलफड़े (Gills or Lameliae)**– गिल्स टोपी के नीचे का भाग होता है जो तना (Stalk) के ऊपरी सिरे (Apex) से प्रारंम्भ होती है और गोलाकार के रूप में टोपी के किनारे की ओर जाती है। मशरूम का यह महत्वपूर्ण भाग है क्योंकि बीजाणु इसकी सतह पर बनते हैं। मशरूम की विभिन्न जातियों की पहचान गिल्स के जुड़ाव से की जाती है। गलफड़े की संरचना–सूक्ष्मदर्शी अध्ययन के अनुसार इसके केन्द्र वाला भाग धागेनुमा कवकजाल का बना होता है जिसे ट्रामा कहते हैं। धागेनुमा कवकजाल एक दूसरे के समानान्तर होते हैं जो छोटी अथवा लंबी कोशिका के बने होते है। यह ट्रामा के बाहरी किनारे तक जा कर शाखित होकर छोटी–छोटी कोशिका का निर्माण करके पतली परत का निर्माण करता है जिसे सबहाईमेनियम कहते हैं। इसी सबहाईमेनियम से लंबी मुग्दराकार कोशिका बनती है जो एक दूसरे के समानान्तर होती है, इस प्रकार की कोशिका को बेसिडिया कहते है। बेसिडिया में 2–4 कॉटेदार संरचनायें बनते है जिसे स्टेरिगमेटा कहते हैं जिसके ऊपर बीजाणु बनते हैं। बीजाणु बहुत छोटे होते हैं जिन्हें नग्न आँखो के द्वारा नहीं देखा जा सकता है। बीजाणु विभिन्न रंग और आकार के होते हैं एवं इसकी सतह चिकनी अथवा खुरदुरी हो सकती है। बीजाणु वायु के द्वारा एक स्थान से दूसरे स्थान की और जाते हैं जो जमीन या उपयुक्त होस्ट पर स्थापित हो जाते हैं और उपयुक्त वातावरण मिलने पर यह अंकुरित होकर फलनकाय का निर्माण करते हैं।

iii) **वेल (Vell or Ring/Annlus)**– प्रारम्भ में निकलने वाला फलनकाय (Young fruiting body) का गिल्स उत्तक (Tissue) द्वारा ढकी रहती है जो टोपी के किनारे से तना (Stipe) तक जुडा रहता है इस उत्तक (Tissue) को वेल कहते हैं। टोपी के बढ़ने पर यह ऊतक फट जाती है जिसका कुछ भाग टोपी के किनारे से जुड़ा रहता है और कुछा भाग तना से जुड़ा रहता है। तने के चारो ओर एक रिंग दिखाई देती है जिसे एनुलस (Annulus) कहते हैं।

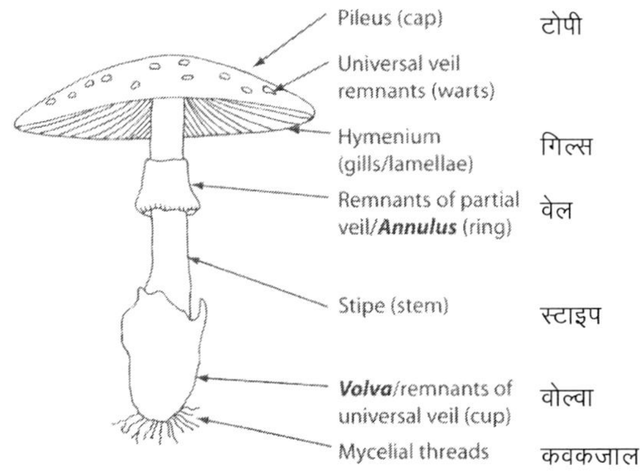

iv) **तना (Stipe or Stalk)–** यह बेलनाकार (Cylendrical), खोखला (Hallow) एवं गुदेदार (Fleashy) होता है और यह टोपी के बीच (Central) में अथवा किनारे की ओर जुड़ा रहता है। तथा पाइलस (Pileus) को सहारा (Support) प्रदान करता है। यह जेनरा (Genera) की पहचान (Identification) करने में एक महत्वपूर्ण अंग है। कुछा जातियाँ में स्टाइप पाया जाता है जैसे *(Pleurotus sp., Agaricus* sp. *Volvariella* sp.*)* एवं कुछा जातियों में स्टाइप नहीं पाया जाता। जैसे *(Schizophyllum commune)*.

v) **वोल्वा (Volva, Universal veil)–** प्रारंम्भ में जब फलनकाय (Young fruiting body) निकलती है तो वह चारों ओर से एक उत्तक की परत (Tissue leyer) द्वारा ढकी रहती है जिसे यूनीवर्सल वेल (Universal veil) कहते हैं। जैसे–जैसे टोपी (Cap) का आकार बढ़ने लगता है वैसे ही युनीवर्सल वेल (Universal Vell) फट जाती है स्टाइप के निचले भाग (Base) कप (Cup) जैसी संरचना से घिरा रहता है, जिसे वोल्वा कहते हैं। कुछा जातियों में वोल्वा रहता है जैसे *वाल्वेरियेला* स्पिसीज एवं कुछ जातियों में वोल्वा नहीं पाया जाता जैसे *अगेरिकास स्पिसीज* एवं *प्लूरोटस* स्पिसीज। इसकी उपस्थिति या अनुपस्थिति मशरूम पहचाननें का एक महत्वपुर्ण तरीका है।

(ब) भूमि के नीचे का भाग

i) **कवकजाल (Mycelial threads)**–यह भाग कवकजाल (Mycelial threads) का बना होता है जो सफेद रेशेदार होता है। यह बढ़ते हुये मशरूम को भोज्य पद्यार्थ अवशोषित करता है।

2. मशरूम की जातियों की पहचान (Identification of mushroom species)

मशरूम की जातियों की पहचान वोल्वा (Volva), एनुलस (Annulus), स्टाइप (Stipe) की उपस्थित और अनुपस्थित के आधार पर की जा सकती है। मशरूम के पहचान के लक्षण निम्न लिखित है।

i) कुछ मशरूम की जातियों में वोल्वा और एनुलस दोनों उपस्थित रहते हैं जैसे *अमानिटा* स्पिसीज (*Amanita* sp.)

ii) कुछ जानियों में केवल एनुलस (Annulus) उपस्थित रहते हैं जैसे *अगेरिकस* स्पिसीज (*Agaricus* sp.).

iii) कुछ जातियों में केवल वोल्वा उपस्थित रहता है जैसे (*Volvarieila* sp.).

iv) जातियों में वोल्वा और एनुलस दोनो अनुपस्थित रहते हैं जैसे (*Marasmius Oreades*).

अध्याय 4

मशरूम का पोषक मान एवं औषधीय गुण (Nutritional Value and Medicinal Properties of Mushroom)

मशरूम एक पौष्टिक, स्वास्थ्यवर्धक एवं औषधीय गुणो से युक्त, रोगरोधक सुपाच्य खाद्य पद्यार्थ है। चीन के लोग इसे महाऔषधि और रसायन सदृष्य मानते हैं, जो जीवन में अदभुत शक्ति का संचार करती है। रोम वासी ''भगवान का आहार'' के नाम से जानते है। मैक्सिकन एवं भारतीय के अनुसार मशरूम चिकित्सा के रूप में एवं जादू के रूप में उपयोग करते थे। यह पोषक गुणें से भरपूर शाकाहारियों के लिये महत्वपूर्ण विकल्प है तथा पौष्टिकता की दषष्टि से शाकाहारी एवं मासांहारी भोजन के बीच का स्थान रखता है तथा इसका सेवन मानव जीवन के लिये वरदान है। मशरूम का विश्लेषण करके यह पाया गया कि इसमें अमीनों अम्ल, फैटी अम्ल, विटामिन्स, खनिज लवण और न्यूक्लिक अम्ल आदि प्रचुर मात्रा में मौजूद रहते है।

1. मशरूम का पोषक मान (Nutritional value of mushroom)

i) **प्रोटीन (Protien)**–मशरूम की मुख्य रूप से पॉच प्रकार की प्रजातियां, बटन मशरूम (*Agaricus bisporus*), *प्लूरोटस* स्पी. (*Pleurotus* Spp.), चाइनीज मशरूम (*Volvariella volvacea*), मिल्की मशरूम एवं पैडी स्ट्रा का व्यवसायिक रूप से उत्पादन किया जाता है। इन प्रजातियों में प्रोटीन की प्रतिशत मात्रा गीले मशरूम में 1.75 प्रतिशत से 3.63 प्रतिशत अधिकतम 5.9 प्रतिशत औसतमान 3.5 प्रतिशत से 4 प्रतिशत तक रहती हैं । सूखे मशरूम में 19 प्रतिशत से 35 प्रतिशत तक प्रोटीन पायी जाती है जिसकी पाचन शक्ति 60–70 प्रतिशत तक होती है। यह प्रोटीन भोज्य पदार्थ, पौधे, मांस एवं दूध से प्राप्त होने वाली प्रोटीन से उच्च कोटि की होती है जो तालिका नं. 5 में दर्शाया गया है।

तालिका 5 : महत्वपुर्ण खाद्य (खाने योग्य) मशरूम में प्रोटीन की मात्रा (शुष्क भार के आधार पर)

मशरूम का नाम	प्रोटीन (प्रतिशत)	स्त्रोत
चाइनीज मशरूम	21.32–30.51	ली एवं चान्ग (Li and Chang) 1982
(*Volvariella volvacea*)	33.33	गरचा (Garcha) 1976
	29.57	ली एवं चान्ग (Li and Chang) 1975
	43.02	चान्ग (Chang) 1964
बटन मशरूम	19.4–37.1	वीवर एवं सहयोगी (Weaver *et al.*) 1977
(*Agaricus bisporus*)	26.3	बानों एवं राजाराथनम (Bano and Rajarathanam) 1982
	27.8	खाद्य एवं कृषि संगठन (FAO) 1972
शाइटेक मशरूम (*Lentinula edodes*)	17.5	बानों एवं राजाराथनम (Bano and Rajarathanam) 1982
	13.1	एड्रीआनो एवं क्रूज (Adriano and Cruz) 1933
	10.3	खाद्य एवं कृषि संगठन (FAO) 1972
ब्लैक इयर मशरूम (*Auricularia auricula*)	8.1	एड्रीआनो एवं कूज (Adriano and Cruz) 1933
जाड़े का मशरूम (*Flammulina velutipes*)	21.9	सावाड़ा (Sawada) 1965
ओएस्टर मशरूम		
(अ) प्लूरोटस आस्ट्रीटस (*Pleurotus ostreatus*)	10.5	बानों एवं राजाराथनम (Bano and Rajarathanam) 1982
	27.38	खन्ना एवं गरचा (Khanna and Garcha) 1984
	27.4	खाद्य एवं कृषि संगठन (FAO) 1972
(ब) प्लूरोटस फ्लोरिडा (*Pleurotus florida*)	18.9	बानों एवं राजाराथनम (Bano and Rajarathanam) 1982
	37.19	खन्ना एवं गरचा (Khanna and Garcha) 1984
(स) प्लूरोटस सजोर काजू (*Pleurotus sajor caju*)	36.94	खन्ना एवं गरचा (Khanna and Garcha) 1984

ii) **आवश्यक अमीनो अम्ल (Essential amino acids)**– मशरूम की प्रोटीन, 20 प्रकार के अमीनों अम्ल से बनी होती है, जिनमें मुख्य लाईसिन, मिथियोनिन, ट्रिप्टोफेन, थियोनिन, वेलाइन, ल्यूसिन, आईसोल्यूसिन, हिस्टीडिन, आर्जीनिन, फिनाइलेएलानाइन है। यह अमीनों अम्ल मानव शरीर के लिए

आवश्यक होते है। जो सामान्यतः एक साथ किसी भी पदार्थ में नही पाये जाते है। जैसे अनाज वाली फसल में लाइसिन अम्ल नही पाया जाता है। दालों मे मिथियोनाइन एंव ट्रिप्टोफेन नही पाया जाता है। जबकि मशरूम में उपस्थित रहता है। मशरूम वैज्ञानिक बानो के अनुसार आयस्टर मशरूम में 100 ग्राम क्रूड प्रोटीन के आधार पर इसमें 9 आवश्यक अमीनो अम्ल पाये जाते है।

iii) **वसा (Fat)**– विभिन्न प्रकार के मशरूम में 1.1 प्रतिशत से 8.3 प्रतिशत सूखे भार के अनुसार वसा पायी जाती है। औसत 4 प्रतिशत रहती है। मशरूम में मुख्यतः 72 प्रतिशत असंतृप्त वसा अम्ल लिनोलिक पाया जाता है। यह वसा अम्ल हमारे शरीर के लिये आवश्यक होता है। जबकि संतृप्त वसा अम्ल की अधिक मात्रा जानवरों कि वसा में पायी जाती है, जो कि स्वास्थ के लिए हानिप्रद है।

iv) **विटामिन (Vitamins)**– मशरूम के प्रकाशित शोध पत्र के अनुसार, मशरूम विटामिन का अच्छा स्रोत है इसमें कई प्रकार के विटामिन पाए जाते है इसमें से मुख्यतः थाइमिन, राइबोफ्लेविन, सियासिन, बायोटिन, और एस्कार्बिक अम्ल पाया जाता है। इसमें अर्गेस्टराल भी पाया जाता है जो अल्ट्रावायलेट प्रकाश के पड़ते ही विटामिन डी में परिवर्तीत हो जाता है। मशरूम में 100 ग्राम शुष्क भार के अनुसार विटामिन की मात्रा तालिका नं. 6 में दर्शाया गया है।

तालिका 6 : महत्वपुर्ण खाद्य मशरूम में विटामिन की मात्रा (मिली ग्राम / 100 शुष्क भार)

मशरूम का नाम	थाइमिन	राइबोफ्लेविन	नियासिन	स्त्रोत
बटन मशरूम (*Agaricus bisporus*)	1.1	5.0	55.7	अल्टामुरा एवं सहयोगी (Altamura *et al*) 1987
शाइटेक मशरूम (*Lentinula edodes*)	7.8	4.9	54.9	खाद्य एवं कृषि संगठन (FAO) 1972
प्लूरोटस स्पी. (*Pleurotus Spp.*)	1.16–4.8	–	46.10	बानो एवं राजाराथनम (Bano and Rajarathanam) 1982
चाइनीज मशरूम (*Volvariella volvacea*)	0.350.32	2.971.63	64.8847.55	खाद्य एवं कृषि संगठन (FAO)1972 चान्ग (Chang)1978

v) **कार्बोहाईड्रेट (Carbohydrate)**– इसमें कार्बोहाईड्रेट की अति सूक्ष्म मात्रा पाई जाती है। योसियोका एवं सहयोगी (1975) के अनुसार पानी में घुलनशील पॉलीसैकेराइड पाया जाता है। जो कि ट्यूमर की वृद्धि को कम करने में सहायक है।

vi) **रेशा (Fiber)**– मशरूम में 4.0 से 27.6 प्रतिशत तक रेशा पाया जाता है। भोजन में फाईबर की उपस्थिति आवश्यक होती है, उच्च रेशा युक्त आहार लेने से रूधिर में इन्सुलिन की मात्रा कम हो जाती हैं।

vii) **खनिज लवण (Minerals and salts)**– मशरूम खनिज लवण का अच्छा स्रोत है वैज्ञानिक ली (1982) के अनुसार मुख्य पोषक तत्व पोटेशियम, फॉस्फोरस, सोडियम, कैल्शियम और मैग्नेशियम पाये जाते है। जिसकी मात्रा 56 से 70 प्रतिशत तक होती है। सूक्ष्म पोषकों में कॉपर, जिंक, आयरन, मैग्नीज, मॉलीब्लेडनम और कैडमियम पाया जाता है।

viii) **न्यूक्लिक अम्ल (Nuclic acid)**– अन्य सुक्ष्म जीव जैसे बैक्टिरिया, शैवाल की अपेक्षा मशरूम में न्यूक्लिक अम्ल की मात्रा कम पायी जाती है। कवक में इसकी मात्रा 3.2 से 4.7 प्रतिशत तक पायी जाती है।

2. औषधीय गुण (Medicinal properties)

मशरूम एक पौष्टिक शाकाहार है इसमें औषधीय गुण भी विद्यमान रहते है। जिसके सेवन करने से अत्यंत लाभ होता है। औषधीय गुण निम्न है।

i) **हृदय रोग (Heart disease)**– वसा एवं कार्बोहाइड्रेट्स शर्करा अति सूक्ष्म मात्रा में तथा कुछ रेशा एवं इन्जाइम पाये जाते है जो कोलेस्ट्राल के स्तर को कम करनें में सहायक होते है जो कि ह्दय रोगियों के लिए विशेष उपयोगी हैं।

ii) **प्रतिरक्षा प्रणाली को बढ़ाये (Increase immune system)**– मशरूम में मौजूद एन्टीआक्सीडेंन्ट हमें फ्री रेडिकल से बचाता है। इसको खानें से शरीर की प्रतिरक्षा प्रणाली को मजबूत करता है जो फन्गल संक्रमण से रक्षा करता है।

iii) **कैन्सर (Cancer)**– यह प्रोस्टेट और ब्रेस्ट कैन्सर से बचाता है। इसमे ग्लूकन एवं संयुग्म लिनोलिक एसिड होता है जो कि एक एन्टीकार्सिनोजेनिक प्रभाव छोड़ता है जो कैन्सर के प्रभाव को कम करता है।

iv) **मधुमेह (Dibeties)**– शर्करा, वसा एवं शुगर अतिसूक्ष्म मात्रा एवं रेशा की अधिक मात्रा उपस्थित होने से यह मधुमेह रोगियों में इसके सेवन से इन्सुलिन की मात्रा बढ़ जाती है जो मधुमेह को नियंत्रित करती है।

v) **मोटापा कम करे (Decrease obesity)**– मशरूम में लीन प्रोटीन पाये जानें कारण यह मोटापा को कम करनें में कारगार साबित हुआ है। मोटापा कम करनें के लिये प्रोटीन डाइट पर रहनें को बोला जाता है जिसमें मशरूम खाना अच्छा माना जाता है ।

vi) **एन्टीवायरल (Anti-viral)**– लेन्टीनस इडोडस मशरूम में कुछ पदार्थ ऐसे विद्यमान है जो इन्फ्लूएन्जा फैलाने वाले वायरस की वृद्धि को रोक देता है।

vii) **एन्टीट्यूमर (Anti-tumer)**– मशरूम वैज्ञानिक छिहारा एवं अन्य वैज्ञानिकों (1970) के अनुसार लेन्टीनस इडोडस प्रजाति में पानी में घुलनशील पालीसैकराइडस पाये जाते है, जो मनुष्य में एन्टीट्यूमर का गुण प्रदर्शित करता है।

viii) **चयापचय (Metabolism)**– मशरूम में विटामिन बी होता है जो भोजन को ग्लूकोज में बदल कर उर्जा पैदा करता है। विटामिन बी$_2$ और बी$_3$ इस कार्य के लिये उत्तम है।

अध्याय 5

स्पॉन बनाने की तकनीक
(Spawn Production Technique)

किसी भी फसल का उत्पादन करनें के लिये बीज एक महत्वपूर्ण भूमिका निभाता है यदि बीज उच्च गुणवत्ता का है तो उत्पादन भी अच्छा होता है। मशरूम का स्पॉन तैयार करनें के लिये एक विशेष उच्च तकनीकी की आवश्यकता होती है जिसे पौध रोग वैज्ञानिक की देख रेख में तैयार किया जाता है।

1. स्पॉन (Spawn)

मशरूम के बीज को तकनीकी भाषा मे स्पॉन कहते है। स्पॉन शब्द को लेटिन में इक्सपॉनडर (Expendere) कहा जाता है, जिसका अर्थ हैं फैलाना। स्पॉन शब्द को बेवेस्टर के शब्दकोष में परिभाषित किया गया है जिसके अनुसार फफूंद का वह कवक जाल है जो विशेषकर खाने योग्य मशरूम के प्रवर्धन के लिये किया जाता है। स्पॉन तैयार करनें के लिये मशरूम फफूंद के कवकजाल को जो मशरूम के फलनकाय (Fruiting body) से तैयार किया जाता है उसे किसी भी पोषाधार माध्यम (गेहूँ, ज्वार, बाजरा, और मक्का के बीज) में जीवाणुरहित कक्ष (Leminar flow or Inoculation chamber) के अन्दर तैयार किया जाता है। यह कवक जाल माध्यम में 24 से 26 डिग्री सेल्सियरा तापमान पर 15 से 20 दिन में तैयार हो जाता है।

स्पॉन के प्रकार (Types of mushroom spawn)

स्पॉन किसी भी सेल्यूलोजयुक्त पोषाधार पर तैयार किया जाता है। पोषाधार माध्यम (Medium) के आधार पर इसे चार प्रकार से वर्गीकृत किया गया है।

i) दानेंदार स्पॉन **(Granular spawn)**– हु और लिन (Hu and Lin, 1972) के अनुसार किसी भी दानेंदार माध्यम मे मशरूम के कवजाल (Mycelium) को फैलाकर तैयार किया जाता है। स्पॉन तैयार करनें के लिये किसी लकडी़ या पुआल का चूर्ण बनाकर किया जाता है जैसे लकड़ी का बुरादा (Saw dust).

ii) **चूर्ण स्पॉन (Powder spawn)**– इस प्रकार से स्पॉन तैयार करनें की विधि को स्टोलर ने (1962) में विकसित किया था। उन्होने लगभग 20 प्रकार के चूर्ण पोषाधार को विकसित किया था।

iii) **आनाज के दानें पर स्पॉन (Grain spawn)**– आजकल स्पॉन के लिए अनाज के दानें का ही प्रयोग किया जाता है क्योकि इसको बनानें मे आसानी रहती है। इस विधि का अविष्कार सन् 1932 में सिनडेन (Sinden) नें किया था। अन्य देशो में राई (Rye) के दानें के ऊपर तैयार किया जाता है जबकि भारत में सेल्यूलोजयुक्त गेहूँ, ज्वार, बाजरा, और मक्का आदि के दानें के ऊपर तैयार किया जाता है साथ में कैल्सियम कार्बोनेट एवं कैल्सियम सल्फेट का उपयोग किया जाता है। इस विधि का विस्तृत विवरण दिया जा रहा है।

2. आनाज के दानें का स्पॉन (Grain spawn) बनानें की तकनीक (Technique of grain Spawn preparation)

भारत में यह विधि सर्वाधिक प्रचलित है जिसका विस्तृत विवरण दिया जा रहा है। इसे मुख्य रूप से चार चरणों में विभाजित किया गया है।

i) शुद्ध संवर्धन माध्यम बनाना (Preparation of pure culture medium)

ii) शुद्ध संवर्धन बनाना (Preparation of pure culture)

iii) शुद्ध संवर्धन माध्यम से मदर स्पॉन तैयार करना (Preparation of mother spawn from pure culture)

iv) मातृ स्पॉन से सिस्टर अथवा व्यवसायिक स्पॉन तैयार करना (Preparation of sister or commercial spawn from mother spawn)

आवश्यक उपकरण/ग्लास वेयर/टूल्स (Essential equipment/material/glass ware/tools)

स्पॉन बनानें के लिये निम्न सामग्री/उपकरण/ग्लास वेयर/टूल्स की आवश्यकता होती है जो निम्नानुसार है।

i) **आटोक्लेव (Autoclave)**–यह उपकरण क्षैतिज (Horizontal) और उर्ध्वाधर (Vertical) दोनो प्रकार का होता है। इसके अंदर किसी भी गीली वस्तु को 15 पौण्ड/इंच दबाव पर 15 से 30 मिनिट तक रख कर जीवाणु रहित किया जाता है। इसमे मुख्यतः पोषाधार माध्यम (Medium,) को जीवाणु रहित करते हैं (प्लेट 1)।

ii) **हॉट एयर ओवन (Hot air oven)**– यह जीवाणु रहित करने का उपकरण है इसके अंदर सूखी वस्तु जैसे कॉच के सामान (Glassware, Needle, Flask, Test tube) आदि को जीवाणु रहित किया जाता है।

iii) **लेमिनार फ्लो (Laminar Flow)**– यह उर्ध्वाधर (Vertical) अथवा क्षैतिज (Horizontal) दोनो प्रकार का आता है, यह एक चेम्बर जैसा होता है। जिसके अंदर निवेशन (Inoculation) का कार्य किया जाता है

iv) **बी.ओ.डी. इन्क्यूबेटर (B.O.D. Incubator)**– यह उपकरण मशरूम के संवर्धन के लिये तापमान को नियंत्रित करता है। यह तापमान का नियंत्रण 5 से 60 डिग्री सेन्टीग्रेट तक कर सकता है। जिस डिग्री. सेल्सियस तापमान की आवश्यकता रहती है उस डिग्री सेल्सियस तापमान पर स्थिर कर दिया जाता है। यह उपकरण स्वयं (Automatic) तापमान नियंत्रित करता रहता है।

v) **रेफ्रिजरेटर (Refrigerator)**– इसका उपयोग संवंर्धन, मदर स्पॉन (Mother spawn) एवं व्यवसायिक स्पॉन को कम समय के लिये संग्रहित (Store) करने में किया जाता है।

vi) **डीप फ्रीजर (Deep freezer)**– इसका उपयोग भी लम्बे समय (Long period) के लिये कल्चर भंडारित करने के लिये किया जाता है।

vii) **वातानुकूलक (Air conditioner)**– इसका उपयोग कमरे को ठंडा करने के लिये किया जाता है, जिसमें व्यावसायिक तौर पर बनाये गये स्पॉन को संग्रहित (Store) किया जाता है।

vii) **भगौनी (Boiling Pans/Kettles)**– इसका उपयोग स्पॉन बनाने के लिये प्रयुक्त दाने (Grain) का उपयोग किया जाता है उसे उबालने के लिये करते हैं। इसका आकार स्पॉन बनाने की क्षमता पर छोटा या बड़ा लगभग 15–20 लीटर तक हो सकता है।

ix) **निवेशन कक्ष (Inoculation chamber)**– इसका उपयोग निवेशन (Inoculation) करने के लिये किया जाता है।

x) **पी.एच. मीटर (pH Meter)**– इसका उपयोग माध्यम (Media). या स्पॉन (Spawn) की अम्लीयता या क्षारीयता का परीक्षण (Testing) करने के लिये करते हैं।

xi) **दानें (Grain)**– स्पॉन बनाने के लिये दानें (Grain) जैसे गेंहूँ, बाजरा, ज्वार आदि का उपयोग किया जाता है।

xii) **पी.पी. बैग्स (Polypropylene bags)**– इसमें उबाले गये दानें को भरकर स्पॉन तैयार करते हैं, इसकी विशेषता यह है कि यह उच्च तापमान पर भी पिघलता नहीं हैं।

xiii) **ग्लुकोज बॉटल (Glucose bottle)**– यह शीशे की बॉटल होती है जिसका उपयोग स्पॉन बनाने के लिये किया जाता है मुख्य रूप से इसमें मदर स्पॉन तैयार करते है।

xiv) **परखनली (Test tube)**– इसका उपयोग संवर्धन (Culture) बनाने के लिये किया जाता है।

xv) **पेट्री प्लेट (Petri plate)**– इसका उपयोग भी संवर्धन (Culture) बनाने के लिये किया जाता है।

xvi) **डेक्सट्रोज (Dextrose)**– इसका उपयोग संवर्धन माध्यम (Culture medium) बनाने के लिये किया जाता है।

xvii) **अगर–अगर (Agar-Agar)**– यह एक प्रकार की समुद्री घास है, इसका उपयोग द्रवित माध्यम (Liquitd Medium) को ठोस (Solid) करने के लिये किया जाता है।

xviii) **मरक्यूरिक क्लोराइड (Mercuric chloride)**– किसी भी वस्तु की ऊपरी सतह को जीवाणु रहित (Sterlize) करने के लिये किया जाता है।

xix) **एल्कोहल (Sprit)**– इसका उपयोग भी वस्तु की उपरी सतह को जीवाणु रहित (Sterilize) करने के लिये किया जाता है।

xx) **आलू (Potato)**– इसका उपयोग साधारणतया संवर्धन माध्यम (Culture media) बनाने के लिये किया जाता है।

xxi) **कैल्शियम कार्बोनेट (Calcium carbonate)**– इसे स्पॉन बनाते समय दानों में मिलाते है जिससे दाने का पी.एच. संतुलित रहे तथ यह दानों को चिपकानें से भी बचाता है।

xxii) **कैल्शियम सल्फेट (Calcium sulphate)**– इसका उपयोग स्पॉन बनाते समय दानों में मिलाते हैं।

xxiii) **पी.एच.सूचक पेपर (pH indicator paper)** – इसका उपयोग माध्यम का पी.एच. परीक्षण (Test) करने के लिये किया जाता है।

xxiv) **पौटैशियम परमैग्नेट (Potassium Permanganate)**– इसका उपयोग कमरे को धुम्रण (Fumigate) एंव उत्पादन कक्ष (Growing room) को साफ करने के लिये किया जाता है।

xxv) **रूई (Cotton)**– रूई दो प्रकार की बाजार में उपलब्ध रहती हैं एक है एबजारबेन्ट कॉटन (Absorbent cotton) एवं दूसरी नान एबजारबेन्ट कॉटन (Non-absorbent cotton) इसका उपयोग स्पॉन बनाते समय प्लग लगाने के लिये किया जाता है।

अन्य सामग्री (Other Material)– **आलमारी (Racks)** इसका उपयोग स्पॉन कल्चर आदि को रखने के लिये किया जाता है

कार्यालयीन कुर्सी टेबल, अलमारी (Almirah) इसका उपयोग ग्लास वेयर, रासायनिक पदार्थ (Chemicals) आदि रखने के लिये किया जाता है।

xxvi) **छलनी (Sieve)**– इसका उपयोग माध्यम बनाते समय माध्यम को छानने के लिये किया जाता है।

स्पॉन बनाने की विधि (Method of spawn preparation)

स्पॉन बनाने की विधि को मुख्य रूप से चार चरणों में विभाजित कर सकते हैं।

i) **शुद्ध संवर्धन माध्यम बनाना (Pure culture medium)**– मशरूम के कायिक वर्धन (Vegetative propagation) के लिये विभिन्न प्रकार का पोषक माध्यम बनाया जाता है जिससे मशरूम अपना भोज्य पदार्थ प्राप्त करता है। संवर्धन माध्यम बनाने के लिये मुख्य रूप से पौटैटो–डेक्सट्रोज–अगर (P.D.A.) मीडियम तैयार कर मशरूम का संवर्धन तैयार किया जाता है। इसके अलावा कुछ और संवर्धन माध्यम बनाने के सूत्र दिये जा रहे हैं जो निम्न हैं–

अ) पौटैटो–डेक्सट्रोज–अगर मीडियम (P.D.A. medium)

सामग्री	–	मात्रा
पानी **(Water)**	–	एक लीटर **(1000 ml)**
आलू **(Potato)**	–	250 ग्राम **(250g)**
डेक्सट्रोज **(Dextrose)**	–	20 ग्राम **(20g)**
अगर–अगर **(Agar-Agar)**	–	20 ग्राम **(20g)**

विधि– सबसे पहले एक लीटर (1000 ml) पानी एक भगोने में लेते हैं, 250 ग्राम आलू को छीलकर, साफ करके छोटे–छोटे टुकडे कर लेते हैं तथा बर्तन (Container) में डाल देते हैं। (Container) को स्टोव के ऊपर अथवा हाट प्लेट पर रख कर आलू को उबालते हैं। जब आलू उबलकर अच्छी तरह से नरम हो जाता है उस समय आलू को छान लेते हैं और छानने के बाद जो छानित द्रव बचता है उसमें 20 ग्राम डेक्सट्रोज और 20 ग्राम अगर–अगर पाउडर मिलाकर अच्छी तरह से घोल लेते हैं। तत्पश्चात गर्म अवस्था में ही परखनली में या फ्लास्क में डाल दिया जाता है तत्पश्चात आटोक्लेव में रखकर जीवाणुरहित किया जाता है। जीवाणुरहित हो जानें के पश्चात आटोक्लेव से निकालकर परखनली को तिरछा (Slant) रखकर ठंडा किया जाता है (प्लेट 1)।

ब) **यीस्ट पौटैटो अगर मीडिया (Yeast potato agar media)–** इस माध्यम मे यीस्ट एक्सट्रेट 1 ग्राम की दर से पौटैटो डेक्सट्रोज अगर मीडियम में मिलाया जाता है।

सामग्री	–	मात्रा
पानी (Water)	–	एक लीटर (1000 ml)
आलू (Potato)	–	250 ग्राम (250g)
डेक्सट्रोज (Dextrose)	–	20 ग्राम (20g)
अगर–अगर (Agar-Agar)	–	20 ग्राम (20g)
यीस्ट (Yeast)	–	1 ग्राम (1g)

स) **यीस्ट एक्सट्रेट अगर मीडिया (W.E.A.media)–** गेंहूँ का दाना 32 ग्राम, अगर–अगर पाउडर 20 ग्राम पानी 1 लीटर

सामग्री	–	मात्रा
पानी (Water)	–	एक लीटर (1000ml)
गेहूँ के दानें (Wheat grain)	–	32 ग्राम (32g)
अगर–अगर (Agar-Agar)	–	20 ग्राम (20g)
यीस्ट (Yeast)	–	1 ग्राम (1g)

विधि– गेंहूँ की सम्पूर्ण मात्रा को 2 घंटे तक बर्तन में उबालते हैं इसे छान लिया जाता है। छने हुये भाग में पानी मिलाकर 1 लीटर कर लिया जाता है, इसके बाद 20 ग्राम अगर–अगर एवं यीस्ट 1 ग्राम मिला दिया जाता है।

ii) **मशरूम कल्चर बनाना (Preparation of mushroom culture)**– मशरूम कल्चर मुख्य रूप से दो विधियों द्वारा तैयार किया जाता है।

अ) **ऊतक संवर्धन (Tissue culture)**– अधिकांशतः ऊत्तक संवर्धन (Tissue culture) द्वारा ही मशरूम का संवर्धन बनाया जाता है। सबसे पहले एक स्वस्थ्य मशरूम की फलनकाय (Fruiting body) लेते है एवं उसे साफ करके निवेशन कक्ष (Inoculation chamber) के अंदर टोपी (Cap) और टाइप के जोड़ वाले भाग से छोटा ऊतक का टुकडा काट लिया जाता है तथा उस टुकडे को उपयुक्त रूप से बनाये गये माध्यम में स्थानांतरित कर दिया जाता है तथा इसे इन्क्यूबेटर (Incubator) में 25 डीग्री सेन्टीग्रेट से 26 डीग्री सेन्टीग्रेट तापक्रम पर रख दिया जाता है। चार से पांच दिन में इससे महीन सफेद रेशेदार सरंचना निकलती है जो पूर्ण रूप से धीरे–धीरे पोषक माध्यम (Nutrient medium) में 15 से 20 दिन के अंदर फैल जाता है। इसी को मशरूम संवर्धन (Mushroom culture) कहा जाता है।

ब) **बीजाणु संवर्धन (Spore culture)**– बीजाणु (Sporre) मशरूम के गलफड़ों (Gills) में बनाते हैं जिसे एकत्रित कर संवर्धन तैयार किया जाता है। संवर्धन तैयार करने कि लिये निम्न सामग्री की आवश्यकता रहती है।

1. निर्जमीकृत पेट्री प्लेट (Sterilize petriplate)
2. बेल जार (Bel jar)
3. तार का टुकड़ा (जिसका एक सिरा गोलाई में मोड़ दिया जाता है और दूसरा सिरा सीधा रहता है) उपयुक्त सभी वस्तु ओवन (Oven) में 180 डीग्री सेन्टीग्रेट तापक्रम पर 2 घंटे रख दिया जाता है, जिससे उसमें उपस्थित सभी जीवाणु नष्ट हो जाते हैं।

विधि– सर्वप्रथम एक स्वस्थ्य मशरूम को साफ कर दिया जाता है इसके पश्चात पेट्री प्लेट में तार का टुकडा रख कर मशरूम का तना वाला भाग तार में लगा देते हैं। तत्पश्चात् बेलजार से पेट्री प्लेट को ढक दिया जाता है तथा इसे उष्मा यंत्र में रख दिया जाता है। 3 से 4 दिन बाद मशरूम के बीजाणु पेट्री प्लेट में झड़ने के बाद इसका तार और मशरूम का टुकडा अलग कर देते हैं तथा निर्जमीकरण ढक्कन द्वारा ढक कर इसे निर्जमीकृत कागज लपेटकर फ्रिज में काफी दिनों तक संग्रहीत किया जा सकता है। स्पोर कल्चर बनाने के कि लिये माध्यम में निवेशित सुई (Inoculation needle) द्वारा बीजाणु उठाकर बनाये गये माध्यम में स्थानांरित

कर दिया जाता है तथा इसे 25 डीग्री सेन्टीग्रेट तापक्रम पर इन्क्यूबेटर में रख दिया जाता है। 10 से 15 दिन में स्पोर अंकुरित होकर कवकजाल का निर्माण करते हैं। इसक कवकजाल का उपयोग मदर स्पॉन तैयार करने में किया जाता है।

iii) **मशरूम संवर्धन से मदर स्पॉन बनाना (Preparation of mother spawn from pure culture)–** सबसे पहले एक किलोग्राम गेंहू के दानों को लेकर अच्छी तरह से साफ कर लिया जाता है तथा इसको 1.5 लीटर पानी में उबालनें के लिये रख दिया जाता है। और इसे तब तक उबालतें हैं जब तक गेंहूँ के दाने नरम न हो जायें। गेहूँ के दाने नरम हो जाने पर इसको छान लिया जाता है तथा उबले गेहूँ के दानों में 12–15 ग्राम कैल्शियम सल्फेट एवं केल्शियम कार्बोनेट मिलाते है इसके पश्चात उबलें दानों को ग्लूकोज की बॉटल में भर देते है तथा इसके मुंह पर रूई का प्लग बनाकर लगा देते हैं तत्पश्चात निर्जमीकरण उपकरण आटोक्लेव में रखकर जीवाणु रहित कर लिया जाता है। जीवाणु रहित होने के पश्चत बॉटल को आटोक्लेव से बाहर निकालकर ठंडा कर लिया जाता है एवं इनाकुलेशन चेम्बर या लेमिनार फलो (Laminar flow) के अंदर शुद्ध संवर्धन मिलाया जाता है। 15–20 दिन तक बॉटल को उष्मा यंत्र में 25 डीग्री सेन्टीग्रेट से 26 डीग्री सेन्टीग्रेट तापक्रम पर रख दिया जाता है। 15–20 दिन में संवर्धन से महीन रेशेदार संरचना कवकजाल (Mycelium) निकलकर पूर्ण रूप से गेंहू के दानों के चारों और फैल जाता है, जो कि मदर स्पॉन के नाम से जाना जाता है (प्लेट–2)।

iv) **मदर स्पॉन से सिस्टर स्पॉन बनाना (Preparation of commercial spawn from mother spawn)–** जब बहुत अधिक मात्रा में स्पॉन बनाना होता है उस समय मदर स्पॉन से गुणन करते है गुणन करने के पश्चात जो स्पॉन तैयार होना है उसे पहली पीढ़ी का स्पॉन कहते हैं। पहली पीढ़ी स्पॉन से दूसरी, तीसरी, चौथी एवं पॉचवी पीढ़ी तक स्पॉन बनाया जा सकता है। पॉचवी पीढ़ी के पश्चात स्पॉन नही बनाना चाहिये क्योकि अच्छी गुणवत्ता का स्पॉन नही तैयार होता है।

विधि– सबसे पहले गेहूँ को उबाला जाता है जेसे ही वह नरम हो जाये उसे छानकर 12–15 ग्राम प्रति किलो गीलें दानों के भार के अनुसार केल्शियम कार्बोनेट एवं केल्शियम सल्फेट मिला दिया जाता है तथा इसमें 200 या 300 ग्राम प्रति बॉटल या ताप अवरोधी पोलीथिन बेग्स में भर दिया जाता है, इसके पश्चात मुँह में कॉटन

का प्लग बनाकर लगा दिया जाता है और इसे आटोक्लेव में निर्जमीकृत कर लिया जाता है। स्टोरलाईजेशन के पश्चात बॉटल या पी.पी. आटोक्लेव से बाहर निकालकर ठंडा करते हैं और बनाये गये माध्यम को इनाकूलेशन चेम्बर के अंदर रखकर 15–20 ग्राम प्रति बॉटल की दर से मदर स्पॉन डाल दिया जाता है तथा 15–20 दिन के लिये 25 डिग्री सेन्टीग्रेट तापमान पर बॉटल को रख दिया जाता है। 15–20 दिन में मशरूम का कवकजाल दानों को पूर्ण रूप से ढक लेता है। इस प्रकार जो स्पॉन तैयार होना है उसे सिस्टर स्पॉन (Sister spawn) कहते हैं। एक मदर स्पॉन बाटल से 30 से 35 बाटल सिस्टर स्पॉन बनाया जा सकता है (प्लेट–2)।

3. **अच्छे स्पॉन की गुणवत्ता एवं रखरखाव (Quality of good spawn and its maintenance)**– अच्छे स्पॉन के अनेक गुण होते है। यदि स्पॉन अच्छी गुणवत्ता युक्त है तो मशरूम का उत्पादन भी अच्छा होगा अन्यथा उत्पादन पर विपरीत प्रभाव पड़ता है। अच्छे स्पॉन के निम्न लिखित गुण होते हैं।

i) गुणवत्तायुक्त मदर स्पॉन बनाने के लिये गुणवत्तायुक्त (good quality) मशरूम का चुनाव (Selection) करना चाहिये।

ii) कीड़े लगे हुये, रोगयुक्त, कटे फटे दानों का उपयोग स्पॉन बनाने के लिये नही करना चाहिये।

iii) साफ स्वच्छ स्थान पर ही स्पॉन बनाना चाहिये।

iv) माध्यम को निर्धारित तापमान, समय एवं दाब पर ही जीवाणुरहित करना चाहिये।

v) कैल्सियम कार्बोनेट एवं कैल्सियम सल्फेट का उपयोग निर्धारित किये गये मानक पर ही करना चाहिये।

vi) स्पॉन का पी.एच.मान 6.5 से 7.5 तक होना चाहिये।

vii) तैयार किये गये स्पॉन को 3 से 5 डिग्री सेल्सियस तापमान पर फ्रिज में भंडारित करना चाहिये।

खरीददार को ध्यान देने योग्य बाते

i) स्पॉन हमेशा सफेद होना चाहिये। यदि स्पॉन काला, पीला, लाल या अन्य रंग का हो तो स्पॉन नही खरीदना चाहिये।

ii) जीवाणुयुक्त स्पॉन जिसमें पानी जैसा चिपचिपा पद्यार्थ हो ऐसे स्पॉन को नही लेना चाहिये।

iii) मशरूम प्रयोगशाला से लें एवं पुरानें स्पॉन को नही लेना चाहिये।

स्पॉन को ले जाते समय ध्यान देने याग्य बाते

i) यातायात के समय तापमान का विशेष ध्यान देना चाहिये उच्च तापमान 30 डिग्री सेल्सियस से ऊपर होने पर नही ले जाना चाहिये उसे आइस कार्टून में पैक कर ले जाना चाहिये।

ii) रात्रि के समय जब तापमान कम हो उस समय एक स्थान से दूसरे स्थान पर ले जाना चाहिये।

ऊतक संबर्धन का फ्लोचार्ट

स्वस्थ मशरूम के फलनकाय का चुनाव करना

↓

बहते हुये साफ पानी में धोना

↓

निर्जवीकृत ब्लाटिंग पेपर में रखना

↓

लेमिनार फ्लो के अन्दर दो भागो में उर्ध्वाधर काटना

↓

पोषक माध्यम में स्थांरित करना

↓

बी.ओ.डी. में 25 डिग्री सेल्सियस तापमान में रखना

↓

15 से 20 दिन बाद महीन सफेद रेशेदार कवकजाल का फैलना

↓

सब कल्चरिंग करना

↓

बी.ओ.डी. में 25 डिग्री सेल्सियस तापमान में रखना

↓

15 दिन बाद शुद्ध संबर्धन मातृ स्पॉन बनाने के लिये तैयार हो जाता है

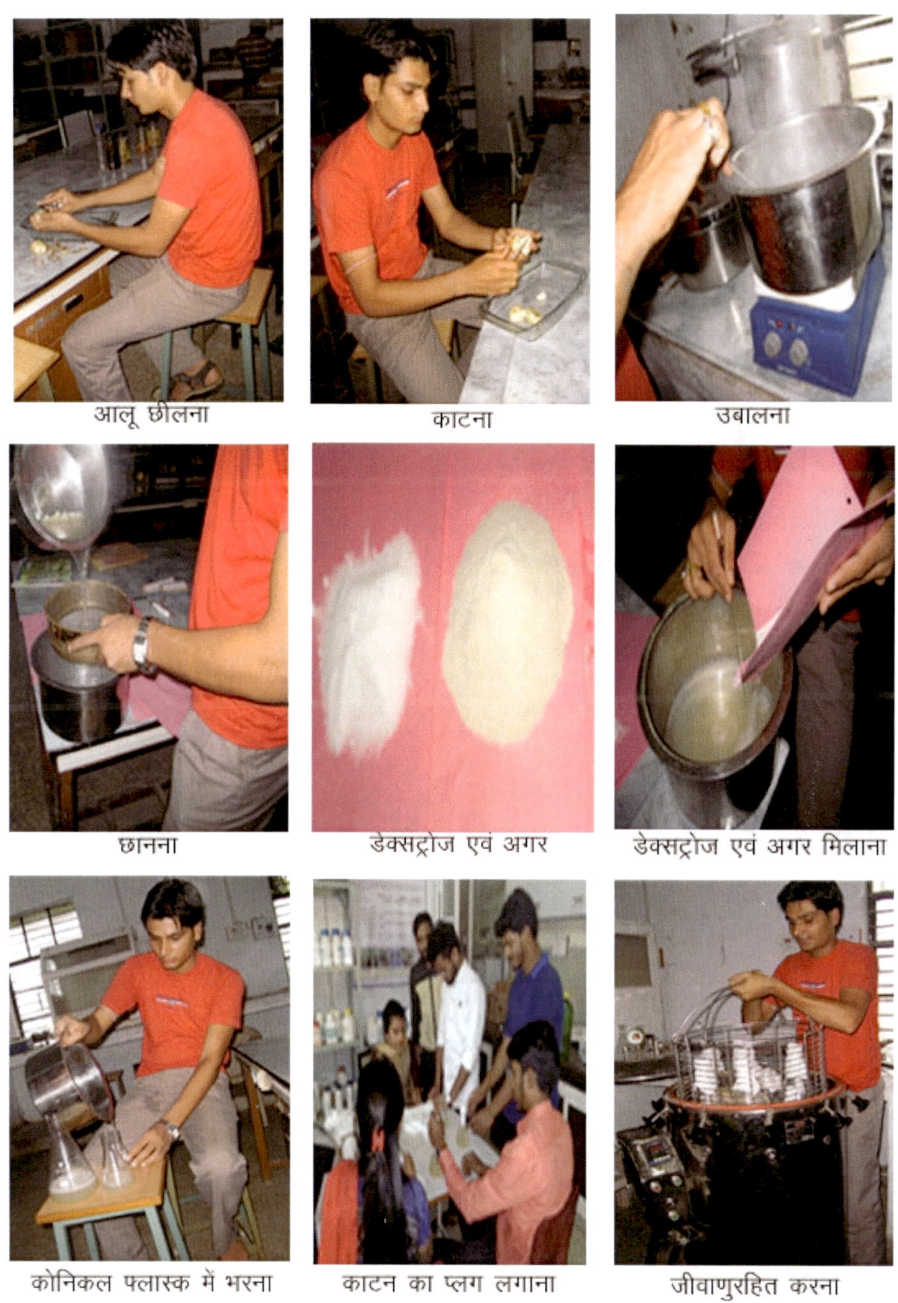
पोटैटो डेक्सट्रोज अगर (पी.डी.ए.) माध्यम बनाने की तकनीक

आलू छीलना | काटना | उबालना

छानना | डेक्सट्रोज एवं अगर | डेक्सट्रोज एवं अगर मिलाना

कोनिकल फ्लास्क में भरना | काटन का प्लग लगाना | जीवाणुरहित करना

प्लेट 1 : पौटेटो डेक्सट्रोज अगर (पी.डी.ए) माध्यम बनाने की तकनीक

गेहूँ साफ करना | गेहूँ को धोना | गेहूँ उबालना | परिक्षण करना

उबला हुआ गेहूँ फैलाना | कैल्सियम सल्फेट एवं कैल्सियम कार्बोनेट | कैल्सियम सल्फेट एवं कैल्सियम कार्बोनेट मिलाना | कैल्सियम सल्फेट एवं कैल्सियम कार्बोनेट मिलाना

टल या फ्लास्क मे भरना | काटन प्लग लगाना | जीवाणूरहित करना | शुद्ध संवर्धन

निवेशन करना | बी.ओ.डी. इन्क्यूबेटर में 25 डिग्री सेन्टीग्रेड तपक्रम मे रखना | मातृ स्पॉन | व्यवसायिक स्पॉन

प्लेट 2 : मातृ एवं व्यवसायिक स्पॉन उत्पादन तकनीक

अध्याय 6

मशरूम प्रयोगशाला (Mushroom Laboratory)

मशरूम उत्पादन के लिये एक स्वच्छ प्रयोगशाला की आवश्यकता होती है, जिसके अर्न्तगत उच्च गुणवत्तायुक्त मशरूम का मातृ स्पॉन, व्यवसायिक स्पॉन संवर्धन असंक्रमित अवस्था (Aseptic condition) में तैयार किया जाता है। मशरूम स्पॉन प्रयोगशाला का चुनाव उस स्थान पर करना चाहिये जहां पर पानी, बिजली की पर्याप्त सुविधा हो, बरसात के पानी निकासी की उचित व्यवस्था हो एंव आस पास का वातावरण साफ स्वच्छ हो।

1. स्पॉन प्रयोगशाला (Spwan laboratory)

मशरूम प्रयोगशाला मुख्य रूप से 3 प्रकार की बनाई जाती है।

i) मशरूम अनुसंधान प्रयोगशाला (Research laboratory)

ii) संवर्धन प्रयोगशाला (Culture laboratory)

iii) स्पॉन प्रयोगशाला (Spawn laboratory)

i) **मशरूम अनुसंधान प्रयोगशाला (Research laboratory)**– इस प्रयोगशाला में मशरूम उत्पादन से संबधित अनुसंधान कार्य संपादित किये जाते है। इसमें मशरूम की अधिक उत्पादन देने वाली नई जाति, प्रजाति एवं प्रभेद विकसित किये जाते है

ii) **संवर्धन प्रयोगशाला(Culture laboratory)**– इस प्रयोगशाला में मशरूम की अधिक उत्पादन देने वाली नई जाति, प्रजाति एवं प्रभेद लम्बे समय तक के लिये अधुनिक तकनीक का उपयोग करके संरक्षित किया जाता है।

iii) **स्पॉन प्रयोगशाला (Spawn laboratory)**– इस प्रकार की प्रयोगशाला में उत्पादको के लिये उच्च कोटि का मातृ स्पॉन तथा व्यवसायिक स्पॉन तैयार

किया जाता है जिसमें किसी भी प्रकार के रोगो एवं कीड़ो का संक्रमण न हो। एक सामान्य आकार की स्पॉन प्रयोगशाला बनाने के लिये 28 मीटर लम्बे 9 मीटर चौड़े क्षेत्र की आवश्यकता होती है जिसमें विभिन्न प्रकार के कक्ष बनाये जा सकते है।

2. स्पॉन प्रयोगशाला का विन्यास (Layout of spawn laboratory)

मशरूम प्रयोगशाला का आकार मशरूम उत्पादन के क्षमता पर निर्भर करता है। एक आदर्श स्पॉन प्रयोगशाला के लिये 2700 वर्ग फुट की आवश्यकता होती है। जिसमें सुविधा के अनुसार कुल 8 कक्ष बनाये जा सकते है।

i) धोने व सफाई का कक्ष 15′ x 10′ x 12′

ii) उबालने, भरने एवं जीवाणु रहित करने का कक्ष 20′x 15′ x 12′

iii) निवेश का कक्ष 15′ x 15′ x 12′

iv) इन्क्यूवेशन कक्ष 20′ x 15′ x 12′

v) शीत भण्डारण कक्ष 15′ x 10′ x 12′

vi) कार्यालय एवं अन्य भण्डारण कक्ष 15′ x 15′ x 12′

vii) वितरण कक्ष 15′ x 10′ x 12′

निवेशन कक्ष (Incoulation chamber/room), इन्क्यूवेशन कक्ष (Incubation chamber/room) एवं शीत भण्डारण कक्ष (Cold storage room) का निर्माण इस तरह से करना चाहिये जिसमें प्रदूषण (Contamination) कम से कम हो विशेष रूप से निवेश कक्ष (Incoulation room) प्रदूषण मुक्त होना चाहिये। भवन निर्माण पूर्णतः आर.सी.सी. का होना चाहिये। इन्क्यूवेशन और स्पॉन शीत भण्डारण कक्ष (Spawn cold storage room) पूर्णतः तापमान अवरोधक होना चाहिये जिससे कमरे के अन्दर का तापमान नियंत्रित रहे।

3. स्पॉन प्रयोगशाला के लिये आवश्यक उपकरण, कॉच की सामग्री एवं औजार (Equipments, glasswares and tools)

स्पॉन प्रयोगशाला में निम्न लिखित उपकरण, कॉच की सामग्री एवं औजार की आवश्यकता होती है। (प्लेट–3,4,5)

अ) उपकरण (Equipments)

i) आटोक्लेव (Autoclave)

ii) हॉट एयर ओवन (Hot air oven)

iii) लेमिनार फ्लो (Laminar flow)

iv) बी.ओ.डी. इन्क्यूबेटर (B.O.D. incubator)

v) रेफ्रिजरेटर (Refrigerator)

vi) डीप फ्रीजर (Deep freezer)

vii) एयर कंडिशनर (Air conditioner)

viii) निवेशन कक्ष (Inoculation chamber)

ix) पी.एच. मीटर (pH meter)

x) हाट प्लेट (Hot plate)

ब) काँच की सामग्री (Glasswares)

i) परखनली (Test tube)

ii) ग्लुकोज बॉटल (Glucose bottle)

iii) पेट्री प्लेट (Petri plate)

iv) जार (Jar)

v) कोनिकल फ्लास्क (Conical flask)

vi) बीकर (Beaker)

(स) औजार (Tools)

i) चिमटी (Forcep)

ii) निवेशन सुई (Inocuation needle)

iii) ब्लेड (blade)

iv) सुई (Needle)

(द) रसायन (Chemical)

i) मरक्यूरिक क्लोराइड (Mercuric chloride)

ii) कैल्शियम कार्बोनेट (Calcium carbonate)

iii) कैल्शियम सल्फेट (Calcium sulphate)

iv) पौटैशियम परमेग्नेट (Potassium permanganate)

v) एल्कोहल (Sprit)

(ई) अन्य सामग्री (Other material)

i) भगौनी (Boiling Pans/Kettles)

ii) डेक्सट्रोज (Dextrose)

iii) अगर–अगर (Agar-Agar)

iv) पी.एच.सूचक पेपर (pH indicator paper)

v) रूई (Cotton)

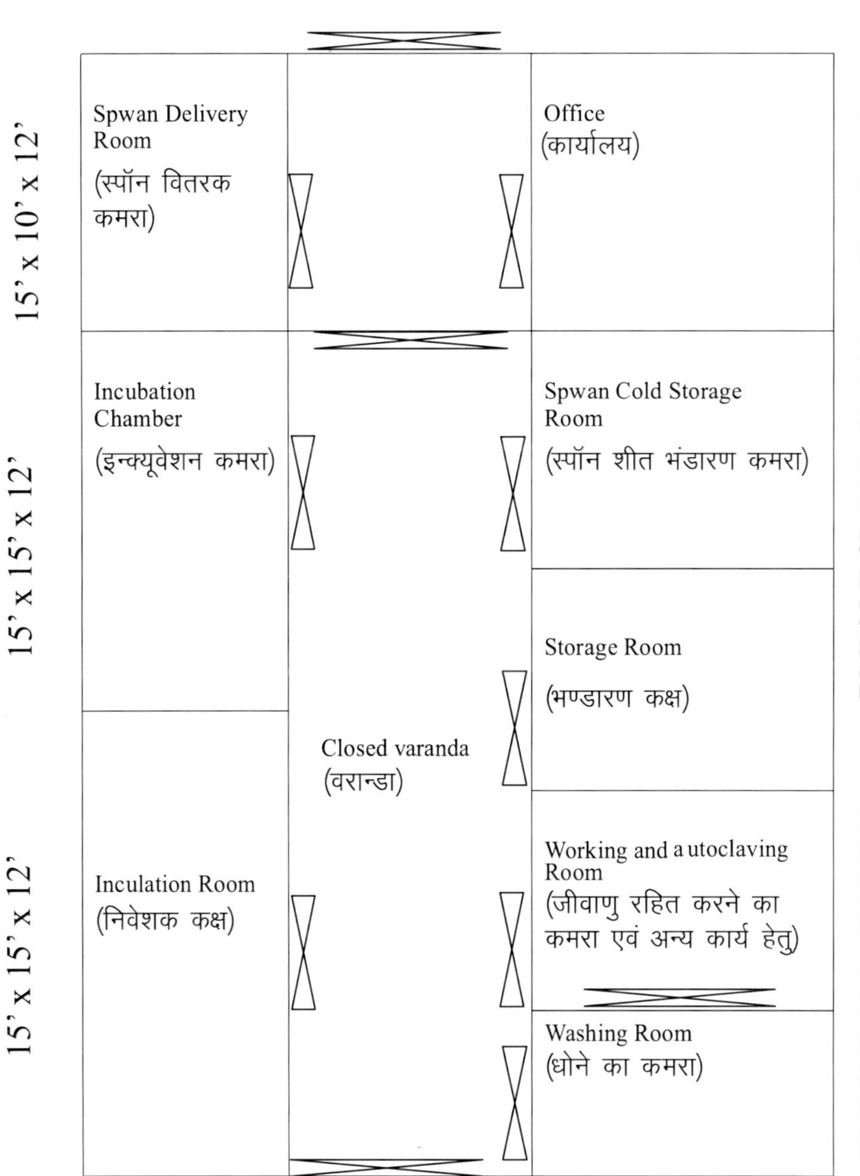

कम लागत की स्पॉन प्रयोगशाला का विन्यास

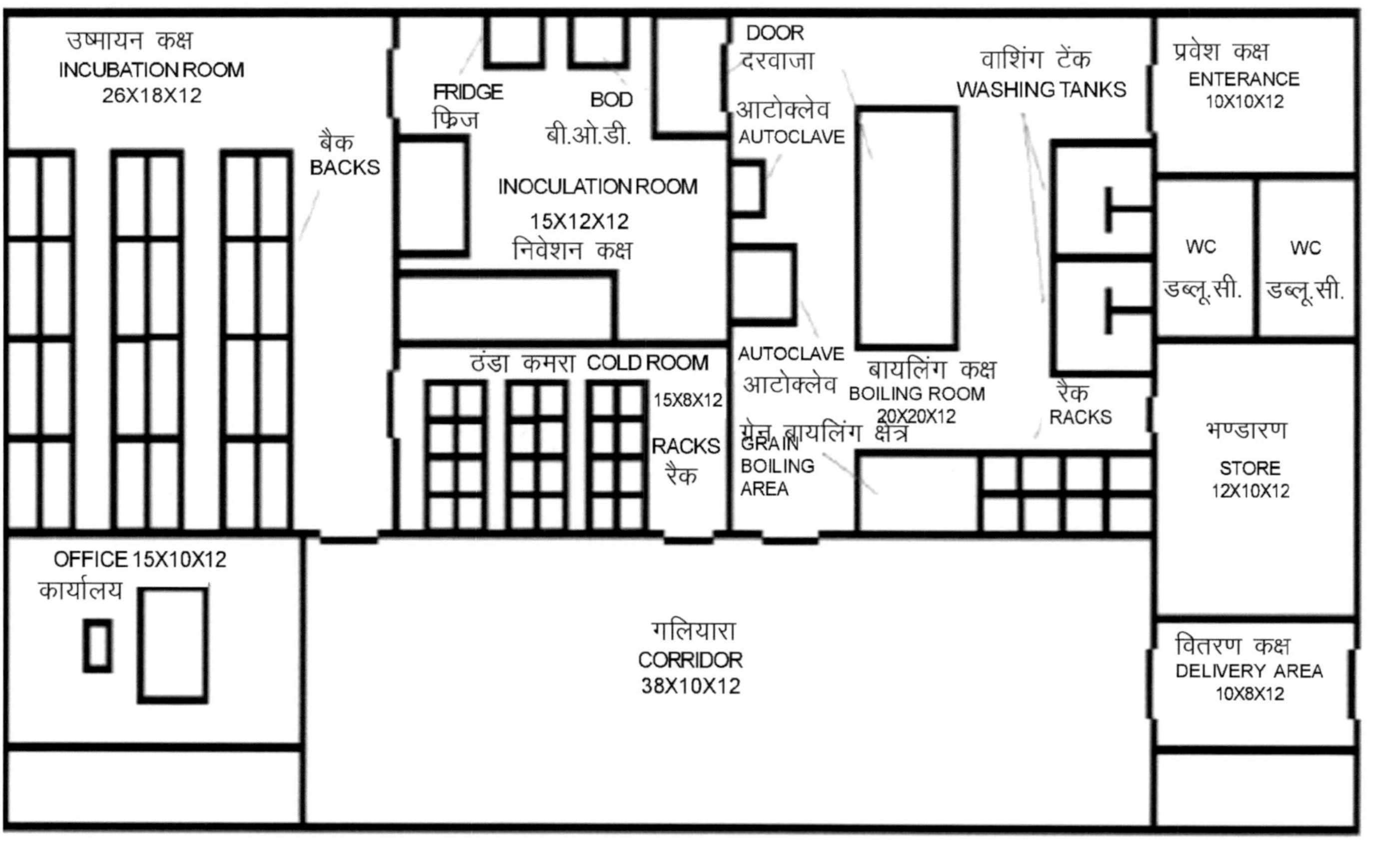

Source: agridaksh.iasri.res

आटोक्लेव | हाट एयर ओवेन | लेमिनार फ्लो | बी.ओ.डी. इन्क्यूबेटर

हाट प्लेट | डीप फ्रीजर | सेफ्टीकैबिनेट | सूक्ष्मदर्शी

डिस्टिलेशन इकाई | वाटर बाथ | पी.एच.मीटर | थर्मोहाइग्रोमीटर

इलेक्ट्रानिक तुला | एयर प्युरीफायर | सोलर ड्रायर | निवेशन कक्ष

प्लेट 3 : स्पॉन उत्पादन के उपयोग में आने वाले उपकरण

वाल्यूमेट्रिक फ्लास्क | बीकर | परखनली

फनल | डेसीकेटर | माइक्रोस्कोप स्लाइड

कॉच की बाटल | वॉच ग्लास | पेट्रीप्लेट एवं स्टैन्ड

बेलजार | कोनिकल फ्लास्क | मेंजरिंग सिलेंन्डर

प्लेट 4 : स्पान उत्पादन के समय उपयोग मे आने वाले कॉंच की समग्री

स्प्रिट लैम्प
ब्लेड
चिमटी
निवेशन सुई
परखनली स्टैन्ड
वास बाटल
अगर – अगर पाउडर
कैल्सियम कार्बोनेट
कैल्सियम कार्बोनेट
कैल्सियम सल्फेट

प्लेट 5 : स्पॉन उत्पादन के समय उपयोग मे आने वाले टूल्स एवं अन्य सामग्री

अध्याय 7

मशरूम घर एवं उसका अभिन्यास (Mushroom Houses and Their Designing)

मशरूम का उत्पादन हम घर पर कहीं भी (बरामदे में, खाली कमरे में, कच्चे माकान में, घास के बने माकान में आदि) मौसम के आधार पर अनुकूल (तापमान एवं आर्द्रता) होनें पर हम कर सकते है। वैसे जलवायु के आधार पर हम वर्ष भर मशरूम की खेती कर सकते है। मशरूम घर इस बात पर निर्भर करता है कि मशरूम का उत्पादन मौसम के आधार पर (Naturally or seasonally condition) अथवा नियंत्रित अवस्था (Control condition) में कर रहे हैं। नियंत्रित अवस्था (Control condition) में मशरूम का घर बनाने में अत्याधिक खर्च आता हैं, क्योंकि सम्पूर्ण उत्पादन कक्ष को इन्सुलेटेड (Insulated) बनाना पड़ता है। जो एक सामान्य, शहरी या ग्रामीण आदमी के लिये उपयुक्त नहीं होता है। जो लोग प्राकृतिक (Naturally or seasonally condition) अवस्था में उत्पादन करना चाहते हैं वे कम लागत में घास का मशरूम घर बना सकते हैं।

मशरूम घर का चुनाव करते समय जिन बातों का ध्यान रखना चाहिए वह निम्न हैं–

i) पानी आसानी से उपलब्ध होना चाहिए। यह किसी भी स्त्रोत जैसे कुंआ, टूयूबवेल आदि से लिया जा सकता है।

ii) आवागमन की सुविधा हो अर्थात ऐसा स्थान जहां पर गाड़ी, ट्रक आदि पहुंच सके, जिससे कच्चा माल एवं मशरूम को ले आने एवं ले जाने में सुविधा हो।

iii) ऐसे स्थानों का चुनाव करें जहां पर श्रमिक आसानी से उपलब्ध हो जाये।

iv) बिजली की उपलब्धता हो एवं जहां तक सम्भव हो वह स्थान बस स्टेण्ड या रेल्वे स्टेशन के पास हो।

v) रसायनिक उद्योग एवं ईट बनाने के उद्योग के पास इसका चुनाव नही करना चाहिए।

vi) स्वच्छ एवं अच्छे वातावरण के स्थान का चुनाव करना चाहिये।

vii) मशरूम का भवन ऐसी जगह होना चाहिये जहाॅ पर शहर की गंदगी न पहुचती हो।

viii) भवन का चयन करते समय यह भी ध्यान रखना चाहिये कि वर्ष भर वहाॅ की जलवायु कैसी है।

1. मशरूम घर एवं उसका अभिन्यास (Mushroom houses and designing) निम्न प्रकार से है

(अ) **प्राकृतिक या मौसम के आधार पर (Naturally or seasonally Conditioned)**– मौसम के आधार पर जो उत्पादक मशरूम का उत्पादन करना चाहते हैं उनके लिये मशरूम घर का विवरण प्रस्तुत किया जा रहा है। मशरूम घर की बनावट इस प्रकार से होना चाहिए कि इसकी लम्बाई उत्तर और दक्षिण दिशा में रहे और चौडाई पूर्व एवं पश्चिम दिशा में रहें और अंदर जाने के लिये पूर्व की ओर दरवाजा रहे एवं बाहर निकलने के लिए पश्चिम की और दरवाजा रहें। ऐसा होने से सूर्य की रोशनी सीधे मशरूम घर में नहीं पड़ती हैं। लंबाई में दोनो तरफ कमरे की लंबाइ के अनुसार 5 फीट की दूरी पर एवं नीचे से 2 फीट की उंचाई पर खिड़की का होना आवश्यक है। क्योंकि मशरूम के लिए स्वच्छ हवा की आवश्यकता होती है और अशुद्ध हवा की निकास आवश्यक होती है। इसलिए क्रास वेन्टीलेशन (Cross ventilation) आवश्यक होता है। चुँकि मशरूम घर की लंबाई में दोनो तरफ खिड़की रहती है इसलिए सुबह शाम एक घंटा खिड़की खोलने से स्वच्छ हवा एक तरफ से आती है और अशुद्ध हवा दूसरी तरफ से निकल जाती है। यदि खिड़की बनाने की सुविधा न हो तो हवा प्रवेश पंखा (Inlet fan) (कमरे के अंदर जाने वाली हवा के लिये) दरवाजे के ऊपर लगाना चाहिए एवं दूसरी तरफ हवा निकासी पंखा (Exhaust fan) दीवार पर 2 फीट की उचांई पर लगाना चाहिए, जिससे एक तरफ से स्वच्छ हवा आये और दूसरी तरफ से अशुद्ध हवा निकल जाये। खिड़कियों एवं दरवाजो में महीन जाली 14–16 मेस प्रति सेन्टमीटर (14–15 mesh/cm) लगाना आवश्यक रहता है। जिससे कीटों के आवागमन रोका जा सके। कच्ची फर्श से कीचड़ होने की संभावना रहती है क्योंकि मशरूम में 3–4 बार पानी डालना पड़ता

है। यदि कच्ची फर्श बनाई जाय तो इसमें एक से डेढ इंच बालू की सतह बिछा देना चाहिए। रेत की सतह बिछाने से लाभ यह है कि कमरे का तापमान और आर्द्रता बनी रहती है। फर्श की ढलान इस प्रकार से रहे कि उसका पानी आसानी से निकल जाये।

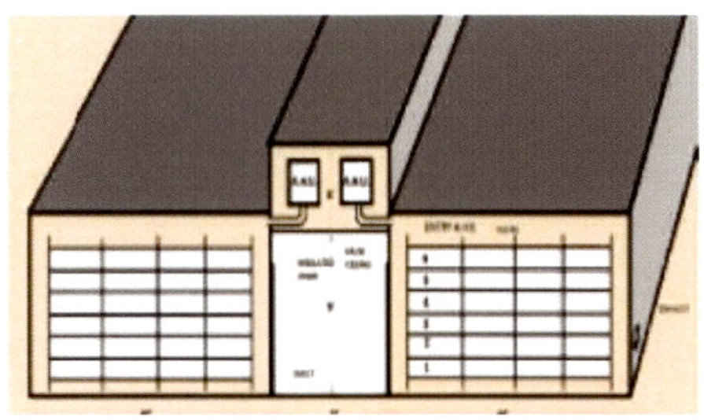

Source: agridaksh.iasri.res.in

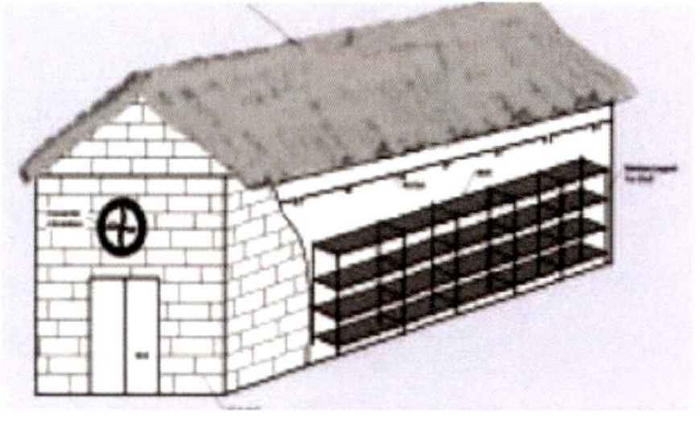

Source : Agro Dutch Foods Ltd, Lalru Punjab

(ब) **घास का मशरूम घर (Mushroom hut of grass)**– ग्रामीण क्षेत्र एवं जंगली इलाकों में मशरूम घर, कम लागत में घास के भी बनाए जा सकते हैं। परन्तु जरूरी है कि घास (कॉस) आसानी से उपलब्ध हो सकें। घास के मशरूम घर बनाने के लिये बांस, बल्ली, घास, तार अथवा सुतली की आवश्यकता होती है जिसकी सहायता से घास के मोटे टट्टे बनाकर मशरूम घर बनाया जाता है। घास के मशरूम घर बनाने में किसी भी प्रकार की खिड़की बनाने की आवश्यकता नहीं होती, क्योंकि इसमें हवा का आवागमन होता रहता है। घास के मशरूम घर का जीवनकाल ढाई से तीन साल तक रहता है। इसके बाद टट्टे बदलने पड़ते हैं। यदि और भी मजबूत बनाना है तो बल्ली के स्थान पर लोहे की मोटी छड़ उपयोग कर सकते हैं एवं प्रति दो साल बाद घास के टट्टे बदल देना चाहिये।

घास की झोपड़ी **स्त्रोत**: ओरजा मशरूम फार्म 2019

2. नियंत्रित अवस्था (Controlled Condition)

नियंत्रित अवस्था में मशरूम का घर बनाने में अत्याधिक खर्च आता है क्योंकि मशरूम घर के सभी उत्पादन कक्ष की दीवालें इन्शुलेटेड (Insulated) एवं वातानुकूलित (Air condition) बनाना पड़ता है। इसके लिये हयूमिडिटी फायर, ऐयरकन्डीशनर, इक्जास्ट फैन, इनलैट फैन आदि उपकरण की आवश्यकता होती है। जिन उत्पादको को व्यवसायिक खेती करना है उन्हे मशरूम भवन नियंत्रित अवस्था में, जानकार (Expert) की देख रेख में करना चाहिये। व्यवसायिक तौर पर मुख्य रूप से बटन मशरूम की खेती की जाती है।

बटन मशरूम के लिये भवन का अभिन्यास (Layout of house for button mushroom)

व्यवसायिक स्तर पर मशरूम उत्पादक के लिये कई कमरों की आवश्यकता होती है।

i) कम्पोस्ट बनाने का प्लेटफार्म (Composting platform)

ii) पास्चुरीकरण कक्ष (Pasteurization room)

iii) थोक कक्ष (Bulk chamber)

iv) स्पानिंग कक्ष (Spawning room)

v) उत्पादन कक्ष (Production room)

vi) प्रशीतन कक्ष (Cold room/A.C.room)

vii) बायलर कक्ष (Boiler room)

viii) जेनरेटर कक्ष (Generator room)

ix) मशीनरी/औजार कक्ष (Machinery/tool room)

x) ओवरहेड पानी की टंकी (Overhead water tank)

xi) केसिंग पास्चुरीकरण कक्ष (Casing pasteurization room)

xii) पैकिंग कक्ष (Packing room)

xiii) कार्यालय (Office)

xiv) बल्क पास्चुरीकरण कक्ष (Bulk pasteurization)

निर्माण (Construction)

फसल उत्पादन से दूर कम्पोस्ट बनाने का प्लेटफार्म (Cmposting platform) बनाया जाता है इसके पास में ही केसिंग पास्चुरीकरण कक्ष (Casing pasteurization room), थोक पास्चुरीकरण कक्ष (Bulk pasteurization chamber), जेनरेटर कक्ष (Generator room), बायलर कक्ष (Boiler room) एवं स्पानिंग कक्ष बनाया जाता है।

i) **खाद बनाने का प्लेटफार्म (Composting platform)** – पहले चरण (Phase -I) की खाद कम्पोस्टिंग प्लेटफार्म के ऊपर बनाई जाती है। इसका आकार कम या अधिक खाद बनाने के ऊपर निर्भर रहता है। इसे भूमि की सतह से 2 फुट की उचॉई पर बनाया जाता है जिससे भूमि में पाये जाने वाले सूत्रकृमि, कीड़े एवं अन्य भूमि जनित रोगों से बचा जा सके। चबूतरे मे बल्क कक्ष से बिपरीत हल्का सा स्लोप एक से.मी. का दिया जाता है जिससे पानी की निकास हो सके तथा उसी तरफ 1.5 से 2 इंच की नाली बना दी जाती है और इसका संबध एक गडढे से कर दिया जाता है जिससे उसमें पानी का जमाव हो सके। चबुतरे की फर्स और खंभे आर.सी.सी. (RCC) की, छत जी आई सीट की बनाई जा ती है। यह प्लेटफार्म 3 तरफ से खुला रहता है जिससे हवा का आवागवन होता रहे। इसका आकार 120 फुट लम्बा, 60 फुट चौड़ा एवं 15 फुट ऊँचा बनाया जाता है। प्लेटफार्म के लम्बाई के दूसरी तरफ बल्क पास्चुरीकरण कक्ष (Bulk pasteurization chamber) बनाया जाता है।

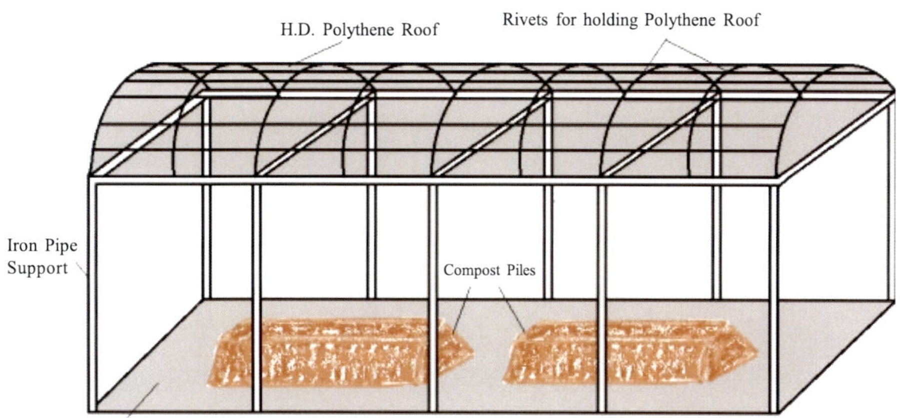

Source: Agridaksh.iasri.res.in Agro Dutch Foods Ltd, Lalru Punjab

ii) **बल्क पास्चुरीकरण कक्ष (Bulk pasteurization chamber)**– बल्क चेम्बर की दीवाल 9 इंच मोटी ईट की बनाई जाती है तथा छत आर.सी.सी. (RCC) बनाई जाती है। इसे उष्मारोधी (Insulated) बनाया जाता है। उष्मारोधी बनाने के लिये ग्लास के रेशे (Glass wood) अथवा थर्माकोल का उपयोग किया जाता है। छत से थोड़ा नीचे 2 निकास बनाये जाते है एक तरफ निकस का संबध चेम्बर में शुद्ध हवा आने के लिये हवा प्रवेश पंखा (Inlet fan) से किया जाता है जो एक पाइप से जुड़ा रहता है। दूसरा निकास दुसरी तरफ हवा निकासी पंखा (Exhaut fan) से किया जाता है। छत के नीचें फर्स की तरफ ब्लोअर तथा भाप जानें के लिये बायलर का संबध किया जाता है। पानी निकलनें के लिये आउटलेट का भी प्रबंध किया जाता है। चेम्बर में दो दरवाजे बनाये जाते है एक दरवाजा पहले चरण (Phase -I) में खुलता है तथा दूसरा दरबाजा स्पानिंग क्षेत्र में खुलता है, ये दरवाजे उष्मारोधी बनाये जाते।

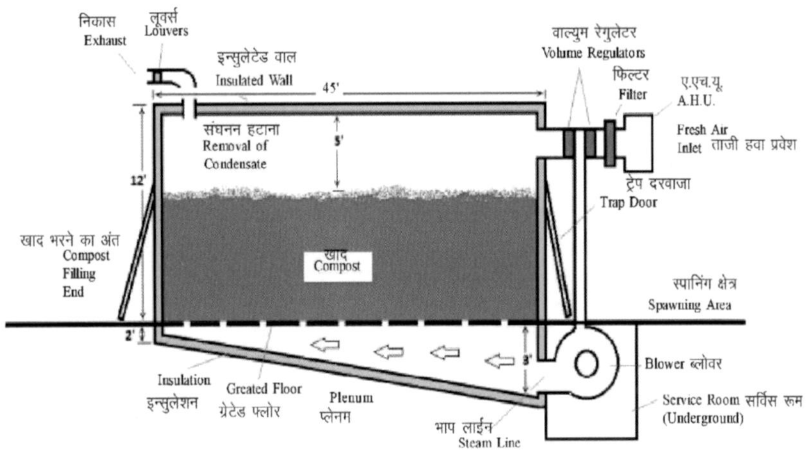

स्त्रोत : Designed by डी.एम.आर. सोलन हिमांचल प्रदेश

iii) उत्पादन कक्ष (Production room) उत्पादन कक्ष भी उष्मारोधी बनाये जाते है तथा इसका आकार सामान्यतः 60 फुट लम्बा, 22 फुट चौड़ा तथा 12 फुट ऊँचा बनाया जाता है। इसमें एक दरबाजा उष्मारोधी बनाया जाता है तथा दरवाजे के ऊपर एक इनलेट पंखा लगाया जाता है शुद्ध हवा आने के लिये तथा इसके विपरीत पिछले दीवाल पर 2 फुट उचॉई पर हवा निकासी पंखा (Exhaut fan) लगाया जाता है जिससे अन्दर की अशुद्ध हवा बाहर निकल सके। कमरे का तापमान (heating and cooling) को नियंत्रित करने के लिये

एअर हैन्डलिंग इकाई लगाई जाती है। उत्पादन कक्ष के पास ही एक तरफ ए.सी. कक्ष भी बनाया जाता है जिसका संबध नलिका के द्वारा उत्पादन कक्ष में किया जाता है जिससे कक्ष के तापमान को नियंत्रित किया जा सके।

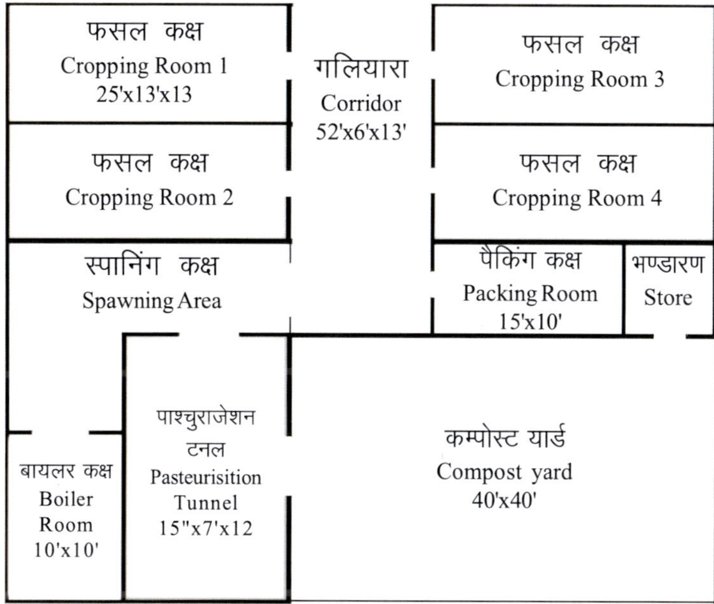

स्त्रोत : Designed by डी.एम.आर. सोलन हिमांचल प्रदेश

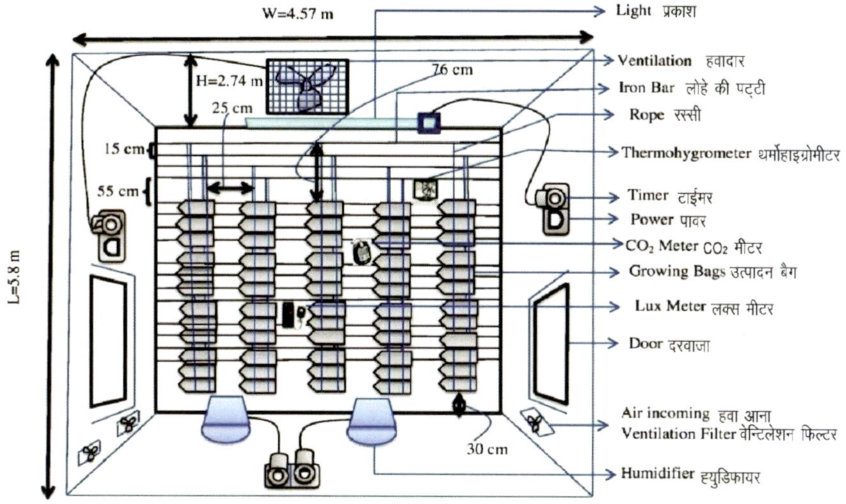

संदर्भ: Designed by Tariqul Islam, Zarina Zakaria, Nasrul Hamidin and Mohd Azlan Bin Mohd Ishak (2016)

iv) **केसिंग पास्चुरीकरण कक्ष (Casing pasteurization chamber)–** केसिंग पास्चुरीकरण कक्ष को बटन मशरूम उत्पादन में केसिंग चढ़ाने के लिये उपयोग किया जाता है। इसे उष्मारोधी एवं बल्क पास्चुरीकरण कक्ष (Bulk pasteurization chamber) के पास में ही बनाया जाता है जिससे बायलर के द्वारा भाप आसानी से प्राप्त हो सके। कक्ष के एक किनारे पर ब्लोअर लगाया जाता है जो भाप (Steam) को चेम्बर के अन्दर पुनः परिसंचरण (recirculate) कर सके जिसस केसिंग का पास्चुरीकरण एक जैसा हो जाये। इसका आकार 22 फुट लम्बा, 11 फुट चौड़ा तथा 8 फुट ऊचॉ बनाया जाता है। इसके अन्दर लगभग 160 ट्रे रखी जा सकती है तथा प्रत्येक ट्रे में लगभग 60 किलो खाद भरी जा सकती है। ट्रे के आकार की लम्बाई 3 फुट, चौड़ाई 2 फुट तथा ऊचॉई 6 फुट होती है एवं के लिये चारो किनारो पर 3 इंच उचाई तक सहारा लगाया जाता है जिससे ट्रे इसके ऊपर रखी जा सके।

v) **स्पानिंग कक्ष (Spawning room)–** बल्क पास्चुरीकरण कक्ष (Bulk pasteurization chamber) के पास ही स्पानिंग कक्ष बनाया जाता है जिसकी लम्बाई 40 फुट, चौड़ाई 20 फुट तथा ऊचॉई 12 फुट होती है। इस कक्ष में पास्चुरीकरण करनें के पश्चात कम्पोस्ट को लाया जाता है ओर यहीं पर खाद में मशरूम का बीज मिलाने की प्रक्रिया की जाती है। जब खाद मे स्पॉन फैल जाता है तो इसके ऊपर केसिंग की जाती है तत्पश्चात उत्पादन कक्ष में स्थान्तरित कर दिया जाता है।

अध्याय 8

आयस्टर मशरूम की खेती
(Cultivation of Oyster Mushroom)

आयस्टर मशरूम को भारत में सबसे बानों एवं श्रीवास्तव वैज्ञानिक द्वारा सन (1962) में उत्पादन किया गया। इसका कवकजाल उन पौध अवशेषो पर सबसे अच्छा फैलता है जिसमें लिग्निन एवं सेल्यूलोज की मात्रा पायी जाती है। यह गेहूँ के भूसा, सोयाबीन का भूसा धान का पैरा, ज्वार का तना, मक्के का तना एवं सरसो का भूसा आदि अवशेष पर असानी से उगाया जाता है। आयस्टर मशरूम तापमान से बहुत कम प्रभावित होता है। यह तस्तरी के आकार का सफेद, दुधिया सफेद, स्लेटी, हल्का पीला, गुलाबी अथवा भूरे रंग का होता है। छतरी का ऊपरी भाग चिकना होता है तथा इसके निचले भाग में अनेक धारियॉ पायी जाती है जिसमे असंख्य संख्या में बीजाणु बनते है। आयस्टर मशरूम को समशीतोष्ण मशरूम इसलिये कहा जाता है क्योंकि इसके लिए न तो अधिक तापक्रम की आवश्यकता होती है और ना ही कम तापमान की आवश्यकता होती है। इसे 12 डिग्री सेन्टीग्रेड से 30 डिग्री सेन्टीग्रेड तापमान पर आसानी से उगाया जा सकता है। परन्तु उपयुक्त तापक्रम 20 से 30 डिग्री सेन्टीग्रेड सबसे अच्छा रहता है। हिन्दी में यह ढिगरी के नाम से जाना जाता है। आयस्टर मशरूम की कई प्रजातियाँ है जो अलग–अलग तापक्रम पर उगाई जाती है जैसे *प्लुरोटस फ्लोरिडा* को 20–25 डिग्री सेन्टीग्रेड के बीच उगाया जाता है तथा *प्लुरोटस सजोरकाजू* को 20–30 डिग्री सेन्टीग्रेड के तापक्रम के बीच उगाया जाता है। इसके अलावा इसकी और भी प्रजातियां है जैसे *प्लुरोटस फ्लेबीलेटस, प्लुरोटस आस्ट्रेटस, प्लुरोटस साइट्रिनोपीलियेट्स* इसकी खेती भारत के लगभग सभी राज्यो मे की जाती है।

वर्गीकृत स्थान (Systemic position)

Kingdom- Fungi

Phylum- Basidiomycota

Class- Hymenomycetes

Order- Agaricales

Family- Tricholomataceae

Genus- Pleurotus

Species- *Ostreatus, Florida, Sajor-caju*

उत्पादन विधि (Production method)

1. **आवश्यक सामग्री**– उत्पादन के समय स्थाई और अस्थाई सामग्री की आवश्यकता होती है जो निम्नानुसार है।

अ) **स्थाई सामग्री (Permanent or non reccuring material)**– ऐसी सामग्री जिसे एक बार खरीदने के बाद बार–बार खरीदने की आवश्यकता नही होती हैं, इसमें से कुछ सामग्री जो दैनिक जीवन में उपयोग होती है, उसे भी उत्पादन के समय उपयोग कर सकते हैं।

i) **बांस (Bamboo)**– उसका उपयोग घास के टट्टे बनाने एवं मशरूम के बैग लटकाने तथा घास की झोपड़ी बनानें में किया जाता है।

ii) **रैक (Rack)**– यह लोहा अथवा लकड़ी का बनाया जाता है जिसे मशरूम के थैले रखने के उपयोग में लाया जाता है।

iii) **हुक (Hooks)**– यह मोटे जी.आई. तार का 1–1.5 फीट का टुकड़ा काटकर बनाया जाता है इसकी सहायता से थैले लटकाये जाते हैं, इसकी आवश्यकता उस समय रहती है जब रैक उपलब्ध नहीं होते हैं।

iv) **ड्रम या सीमेन्ट (Drum or cement tank)**– मशरूम के उत्पादन क्षमता के अनुसार छोटे या बड़े आकार के ड्रम उपयोग कर सकते हैं।

सामान्यतः प्लास्टिक के ड्रम या लोहे के ड्रम जिसमें जंग न लगा हो, 200 लीटर क्षमता वाले ड्रम का उपयोग किया जाता है। ग्रामीण क्षेत्रों में जहां पर ड्रम की सुविधा न हो वहां पर मिट्टी के पक्के नांद का अथवा बड़े घड़े का उपयोग कर सकते हैं।

v) **स्प्रेयर (Sprayer)**– यह छिड़काव करने वाला यंत्र होता है। यह पानी का छिड़काव करने एवं समय–समय पर फफूंदनाशक (Fungicide) एवं कीटनाशक (Insecticide) का छिड़काव करने के लिये उपयोग करते है।

vi) **बाल्टी (Bucket)**– इसका उपयोग पानी ले जाने और ले आने एवं पानी भरने के लिये किया जाता है।

vii) **टोकनी अथवा ट्रे (Tray)**– इसका उपयोग मशरूम तोड़कर रखने के लिये करते हैं।

viii) **चाकू (Steel knife)**– मशरूम को तोड़ने के पश्चात् जड़ वाला भाग काटकर साफ करने के लिये करते हैं।

ix) **कील (Keel)**– लंबी नुकीली कील पॉलीथिन बैग में छिद्र बनाने के लिये करते हैं। जंग लगी (Rusted) कील का उपयोग नहीं करना चाहिये।

ब) **परिवर्तनशील सामग्री (Recurring material)**– ऐसी सामग्री जो उत्पादन के समय बार–बार खरीदना पड़ता है जो निम्नलिखित हैः–

i) **भूसा (Straw)**– इसका उपयोग मशरूम उत्पादन के लिये करते हैं, इसके लिये सामान्यतः गेहूॅ का भूसा, सोयाबीन का भूसा धान का पैरा, ज्वार का तना, मक्के का तना एवं सरसो का भूसा आदि उपयोग किया जाता है। भूसा साफ स्वच्छ एंव ताजा उपयोग करना चाहिये। इसमें वर्षा का पानी लगा हुआ नहीं होना चाहिये।

ii) **फार्मेल्डिहाइड (Formaldehyde)**– यह फफूंदनाशक दवा होती है जिसका उपयोग भूसा में पहले से उपस्थित बीमारी फैलानें वाले रोगाणू को जीवाणुरहित करने के लिये किया जाता है।

iii) **कार्बेन्डाजिम (Carbedazim)**– यह फफूंदनाशक दवा होती है जिसका उपयोग भूसे में उपस्थित प्रतिर्स्पर्धी कवक (Competitive Fungi) को नष्ट करने के लिये करते है।

iv) **मशरूम का बीज (Spawn)**– उत्पादन के समय बीज की आवश्यकता होती है। स्पॉन बीमारी से मुक्त होना चाहिये एवं ताजा होना चाहिये। उत्पादन के लिये पुराना स्पॉन प्रयोग नहीं करना चाहिये।

v) **पॉलीथिन बैग (Polythene bag)**– सामान्यतः 14 इंच चौड़े 15 इंच लम्बे आकार की पॉलीथिन उपयोग कि जाती है। इससे बड़ी पॉलीथिन भी उपयोग कर सकते हैं, परन्तु बड़े पॉलीथिन को लटकाने में असुविधा होती है।

vi) **प्लास्टिक की रस्सी**– इसका उपयोग थैलों को बांधकर लटकाने के लिये करते है और भरे हुये थैलों के मुंह बांधने के काम में लाते हैं।

2. **पोषाधार (Substrate)**– प्लूरोटस स्पिसीज सामान्यतः कृषि अवशिष्ट जैसे गेहूँ का भूसा, सोयाबीन का भूसा, धान का पुआल, गन्ने के छिलके, सरसों का डठंल आदि पर उगाया जाता है। कृषि अवशेष 1 साल पुराना हो और इसमें बारिश का पानी न लगा हुआ हो। वर्षा का पानी लग जाने से कृषि अवशेष में कई प्रकार की बीमारी के प्रतिर्स्पर्धी फफूंद और जीवाणु का आक्रमण हो जाता है, जिसके कारण मशरूम के उत्पादन पर प्रतिकूल प्रभाव पडता है।

3. **पोषाधार का उपचार करना (Treatment of substrate)**– कृषि अवशेष (पोषाधार) को उपचार करने के लिये मुख्य रूप से दो प्रकार की विधि अपनायी जाती है।

4. **गर्म पानी के द्वारा (Hot water treatment)**– इस विधि में सबसे पहले भूसे को ठंडे पानी में 6 घंटे तक भीगो दिया जाता है इसके पश्चात् भूसे को छानकर किसी बड़े बर्तन या ड्रम में भूसें को रखकर ऊपर से खौलता हुआ पानी डाल दिया जाता है, तत्पश्चात् ठंडा होने दिया जाता है तदोपरांत थैले में बीजाई की जाती हैं।

5. **रासायनिक विधि द्वारा (Chemical treatment)**– इस विधि में फार्मेल्डिहाइड को 1 से 2 प्रतिशत एवं कार्बेन्डाजिम को 0.05 प्रतिशत का घोल बनाकर भूसे को 18–24 घंटे तक कि लिये घोल में डूबो दिया जाता है 18 घंटे के पश्चात् पानी छानकर थैलों को भरा जाता है (प्लेट–6)।

6. **स्पॉनिंग (Spawning)**– स्पॉनिंग कमरे **(Spawning room)** के अंदर करना चाहिये। स्पॉनिंग करन के पहले कमरे को फर्मेल्डिहाइड के द्वारा उपचारित कर लेना चाहिये। खुले वातावरण में स्पॉनिंग करने से बीमारी फैलाने वाले

कीटाणु एवं रोगाणु स्पॉन और भूसे में आक्रमण कर सकते है। सामान्यतः स्पॉनिंग मुख्य रूप से 2 विधि द्वारा की जाती है।

i) **मिश्रित स्पॉनिंग (Mixed spawning)**– भूसे को रसायन या गर्म पानी के द्वारा उपचारित कर लिया जाता है तत्पश्चात 2 प्रतिशत की दर से गीले भूसे में स्पॉन मिला दिया जाता है तथा 18 इंच लम्बे और 14 इंच चौड़े पॉलीथिन बैग में स्पॉन मिला हुआ भूसा को भर दिया जाता है। पॉलीथिन बैग के चारों ओर 15–20 छिद्र कर दिये जाते हैं तथा नीचे की ओर 2–3 छिद्र कर दिये जाते हैं जिससे अतिरिक्त पानी बाहर निकल जाये एवं थैलें भरने के पश्चात् इसके ऊपरी हिस्से में खुले हुये भाग को धागे की सहायता से बांध दिया जाता है।

ii) **परत विधि (Layer spawning)**– इस विधि में 18 इंच लंबे और 14 इंच चौड़े पॉलीथिन बैग को लेकर उपचार किये हुये भूसे को 5–6 सें. मी. उचाई तक भर दिया जाता है। तत्पश्चात् इसमें 10–15 ग्राम के लगभग बीज सतह पर फैला दिया जाता है। इसके बाद पुनः भूसे को 7–8 से.मी. उचॉई तक भर दिया जाता है। तथा पुनः बीज मिला दिया जाता है। इसी प्रकार से लगभग 3–4 परतों में भूसे और बीज को भर दिया जाता है। भरने के पश्चात पॉलीथिन के ऊपरी हिस्से के खुले हुये भाग को धागे की सहायता से बांध दिया जाता है।

7. **स्पॉन रन (Spawn run)**– थैलों को भरने के पश्चात थैलो को स्पॉन रनिंग कक्ष में अंधेरे में जिसका तापक्रम 20–30° सेन्टीग्रेड तथा सीधे सूर्य का प्रकाश न आता हो में रख दिया जाता है। 15–20 दिन बाद पॉलीथिन बैग में दूध जैसा सफेद कवकजाल फैल जाता है। कवक जब पूर्ण रूप से फैल जाता है उस परिस्थिति में समझ जाना चाहिये की बैग फलनकाय अवस्था (Fruiting stage) में आ गया है।

8. **थैले की पॉलीथिन निकालना**– 15–20 दिन में जब कवकजाल पूर्ण रूप से फैल जाता है उस परिस्थिति में पॉलीथिन को ब्लेड या धारदार चाकू की मदद से काटकर अलग कर दिया जाता है। चूंकि पॉलीथिन के अंदर जो भूसा रहता है उसमें कवकजाल फैलने के पश्चात् वह कठोर हो जाता है। कवकजाल पूर्ण रूप से फैल जाने के पश्चात् बैग की पॉलीथिन न निकालने पर बैग में ही फलनकाय निकलने लगती है। पॉलीथिन निकालने के पश्चात थैलो को उत्पादन कक्ष में फलन काय निकलने के लिये लटका देते है।

9. **थैला लटकना (Hanging of bag)**– पॉलीथिन निकालने के पश्चात ढाँचा (Structure) को उत्पादन कक्ष (Production boom) में रैक में रख दिया जाता है या बॉस में लटका दिया जाता है।

घास की झोपड़ी

थैला लटकना
(Hanging of Bag)

रैक में रखे हुये बैग

10. **पानी देना (Spraying)**– दिन में 3–4 बार स्प्रेयर के द्वारा पानी देना चाहिये। यदि स्प्रेयर उपलब्ध न हो तो मग के द्वारा पानी देना चाहिये। ध्यान देना चाहिये कि ढाँचा (Bed) किसी भी स्थिती में सूखना नहीं चाहिये। ढाँचा सूख जाने पर मशरूम के पिन हेड (Pin head) सूख जाते है और मशरूम नहीं निकलता।

11. **मशरूम तोड़ना (Picking)**– थैला लटकाने के पश्चात 8–10 दिन में मशरूम निकलना शुरू हो जाता है तथा 5–9 से.मी. व्यास का होने के पश्चात पकड़कर घुमाकर जड़ सहित तोड़ना चाहिये।

12. **साफ काना (Cleaning)**– तोड़ने के पश्चात् मशरूम का जड़ वाला भाग चाकू से काटकर अलग कर दिया जाता है तथा मशरूम में जो भी भूसा का अवशेष रहता है उसे भी साफ कर दिया जाता है ।

13. **पैक करना (Packing)**– यदि बाजार व्यवस्था उपलब्ध हो तो 200 ग्राम के पैकेट बनाकर बाजार में ताजा मशरूम भेजना चाहिये। पैकेट बनाने के लिये छोटी पॉलीथिन का उपयोग करते हैं तथा इसमें 5–6 छिद्र कर देते हैं।

14. **सुखाना (Drying)**– यदि बाजार व्यवस्था उपलब्ध न हो ऐसी स्थित में मशरूम को सुखाया जाता है सूखानें की मुख्य रूप से दो विधि उपयोग में लायी जाती है।

    i) **सूर्य की रोशनी में सुखाना (Sun dry)**– इस विधि में मशरूम को साफ करने के पश्चात् धूप में जहां धूल (Dust) न हो साफ कपड़ा फैलाकर मशरूम फैला दिया जाता है। 2–3 दिन में मशरूम सुख जाता है।

    ii) **यांत्रिक ड्रायर द्वारा (Mechanical dryer)**– यांत्रिक विधि द्वारा बनाये गये ड्रायर में 50-60 डिग्री सेन्टीग्रेट के बीच मशरूम को रख कर सुखाया जाता है।

15. **सुखा मशरूम पैक करना (Packing of dry mushroom)**– जब मशरूम अच्छी तरह से सूख जाये तब मोटी पॉलीथिन में डालकर ऊपर से लैम्प जलाकर लौ द्वारा या सीलिंग मशीन द्वारा सील कर देना चाहिये। यदि बाजार में भेजना हो तो 50–100 ग्राम का पैकेट बनाकर तथा लेबल लगाकर बाजार में उपलब्ध कराना चाहिये। इस बात का ध्यान रखना चाहिये कि सूखी मशरूम की पैकिंग सूखे स्थान पर (ऐसा कमरा जहां पर नमी उपस्थित न हों) करना चाहिए। मशरूम में नमी लगने पर महक आने लगती है और दूसरे प्रकार की बीमारी फैलाने वाले फफूंद आदि पनपने लगते हैं।

16. **गड्ढे में आयस्टर मशरूम उत्पादन तकनीक**– उथले गड्ढे में मशरूम का उत्पादन किया जाता है। इस तकनीक में उथले गड्ढे (Shallow pit) में फलनकाय (Fruiting) के लिये तैयार थैले (Bag) को 1.5 से 2 फुट के अंतर से जमाकर (Arrangmeent) करके रख दिया जाता है और ऊपर से घास के बने टट्टे या चटाई से ढक दिया जाता है तथा 1–2 बार प्रतिदिन पानी का छिड़काव किया जाता है। 8–9 दिन के अंदर इसमें मशरूम निकलना

प्रारम्भ हो जाता है। उस विधि को पौध रोग विभाग जवाहरलाल नेहरू कृषि विश्वविद्यालय में परीक्षण (Testing) किया जा रहा है जिसके अच्छे परिणाम प्राप्त हुये हैं।

आयस्टर मशरूम उत्पादन का फ्लोचार्ट

गेहूँ का भूसा या अथवा धान के पुआल अथवा अन्य पोषाधार का चयन करना

↓

18 से 24 घंटे तक उपचारित पानी में डुबोना

↓

आवश्यक पानी निकालना

↓

16×18 या 18×24 इंच पालीथिन में स्पॉन मिलाकर भरना

↓

15 से 20 दिन के लिये नम अंधेरे कक्ष में रखना

↓

पालीथिन काटकर हटाना

↓

उत्पादन कक्ष में 20 से 30 डिग्री सेल्सियस तापक्रम तथा 80 से 85 प्रतिशत

↓

आर्द्रता में रखना

↓

6 से 10 दिन बाद मशरूम निकलना

↓

मशरूम तोड़ना

↓

साफ करना

↓

पैक करना

↓

बिक्री करना या सुखना या संरक्षित करना

बाविस्टिन एवं फार्मल्डीहाइड मिलाना (रसायनिक उपचार विधि)

बाविस्टिन एवं फार्मल्डीहाइड घोलना

गेहूँ का भूसा डुबोना

पानी निथारना

स्पान मिलाकर पालीथिन बैग मे भरना

स्पान बढ़वार पुर्ण एवं थैली काटने की अवस्था

थैली लटकाना अथवा रैक में रखना

पिन हैड अवस्था

पुर्ण विकसित खुंभी

पानी का छिड़काव करना

मशरूम को तोड़ना

तौलना, पैकिंग एवं विपणन करना

प्लेट 6 आयस्टर मशरूम उत्पादन तकनीक

अध्याय 9

पैडीस्ट्रा मशरूम की खेती
(Cultivation of Paddy Straw Mushroom)

पैरा मशरूम को चाइनीज एवं ग्रीष्म कालीन मशरूम के नाम से भी जाना जाता है क्योंकि उसके उत्पादन के लिये आवश्यक तापक्रम 35 से 40[व] सेन्टीग्रेड तथा 75 से 85 प्रतिशत आर्द्रता की आवश्यकता होती है। यह तापक्रम गर्मी के मौसम (Summer season) में उपलब्ध रहता है। सर्वप्रथम इसकी खेती चीन में सन् 1822 शुरू की गई थी तथा भारत में इसकी खेती सन् 1943 में पहली बार कृषि महाविद्यालय कायम्बटूर में की गई। इसके पश्चात इसकी खेती का अनुसंधान कई जगह पर प्रारंभ किया गया। पैरा मशरूम की दो किस्मो की पहचान की गई है।

वर्गीकृत स्थान (Systemic position)

Kingdom - Fungi
Phylum - Basidiomycota
Class - Agaricomycetes
Order - Agaricales
Family - Plutaceae
Genus - *Volvariella*
Species - *Volvacea*

स्त्रोत : डी.एम.आर., सोलन, चम्बाघाट

पैडीस्ट्रा मशरूम की मुख्यतः दो प्रकार की प्रजातियां उगाई जाती हैं।

i) वाल्वेरियेला वालवेसिया (*Volvariella volvacia*)

ii) वाल्वेरियेला डिपलेशिया (*Volvariella diplasia*)

1. उत्पादन विधि (Production method)

पैरा मशरूम के उत्पादन की तीन विधियॉ विकसित की गई है

i) शय्या या ढेर विधि

ii) खाका या केज विधि

iii) कम्पोस्ट विधि

i) **शय्या या ढेर विधि**– भारत में शय्या या ढेर विधि सबसे प्रचलित है तथा उत्पादन के लिये यही विधि अपनाई जाती है। जिसका वर्णन नीचे दिया जा रहा है।

(क) उत्पादन के लिये आवश्यक सामग्री–

i) धान का पुआल (Paddy straw)

ii) छायादार ईट के या पक्के फर्श

iii) कीटनाशक व फफूंद नाशक दवाईयाँ

iv) सीमेंट टैंक (Cement tank)

v) मशरूम का बीज (Spawn)

vi) चने की दाल का बेसन।

(ख) **धान के पुआल का बण्डल तैयार करना** (Preparation of paddy straw bundle)– इस मशरूम को धान के पुआल के बिछावन पर उगाया जाता है इसलिये इसे पैडी स्ट्रा (Paddy straw) कहा जाता है। स्वच्छ धान के पुआल को लिया जाता है जो एक साल से अधिक पुराना न हो एवं बारिश का पानी लगा हुआ नहीं होना चाहिये। एक मीटर (One meter) लम्बाई के एवं 25 से 30 से.मी. व्यास के जिसका वजन 2 से 3 किलो का गोल गठ्टर (Bundle) बना लेते हैं।

(ग) **गठ्टर (Bundle)**– उपर्युक्त विधि द्वारा बनाये हुए तीन गठ्टर (Bundle) को एक छेटे सीमेंटेड 300 से 400 लीटर क्षमता वाले टैंक में पानी भर दिया जाता है एवं उसमें तीन गठ्टर (Bundle) को डाल दिया जाता है। 24 घंटे तक बण्डल को उसी पानी में पड़ा रहने दिया जाता है।

घ) **बिछावन या शय्या बनाना एवं स्पॉनिंग करना (Preparation of bed and spawning)**– भीगे हुए पुआल के बण्डल को ऊँचे पक्के या ईट के फर्श पर रख कर बिछावन बनाते है अथवा लकड़ी के लगभग एक मीटर लम्बे एवं 60 से 70 से.मी. चौड़े फ्रेम बनाकर स्वच्छ हवादार कमरे में बिछावन बनाते है। इस फ्रेम में या पक्के फर्श के ऊपर 5 से 6 बण्डल को एक तरफ एवं

5 से 6 बण्डल उसके विपरीत दिशा (Cross wise) इसक प्रकार रखते हैं कि बंधा हुआ सिरा बाहर की और एवं खुला हुआ सिरा अन्दर की ओर रहें उसके उपर मशरूम के बीज (Spawn) को 10–12 से.मी. अन्दर और 15–20 मी. दूर चारो तरफ रख दिया जाता है तथा उसके उपर चने की दाल के पावडर (बेसन) का भुरकाव कर दिया जाता है। पहली तह की स्पॉनिंग करने के पश्चात उसके उपर दूसरी सतह लगाई जाती है। दूसरी तह इस प्रकार लगाई जाती है कि 3 गठ्टरों की लम्बाई पहली वाली तह से विपरीत रहे अर्थात पहली तह पश्चिम दिशा में है तो दूसरी तह पूर्व दिशा में रहे। दूसरी तह के बण्डलों को समतल बनाने के पश्चात पहली तह की भांति स्पॉनिंग (Spawning) करते है और बेसन का हल्का भुरकाव कर दिया जाता है। इसी प्रकार तीसरी और चौथी तह भी बनाते है एवं बीजाई (Spawning) करते हैं। चौथे तह की स्पॉनिंग करने के पश्चात दो से तीन बण्डल को खोलकर ढक दिया जाता है। एवं बिछावंन में लागभग 400 से 500 ग्राम बीज और 250 ग्राम के लगभग बेसन लगता है। एक बिछावन बनने के पश्चात उसकी लम्बाई, चौड़ाई एवं उंचाई लगभग 1 मी. x 1 मी. x 1मी. की हो जाती है तथा एक शय्या से लगभग औसतन 2–3 किलो ताजा मशरूम प्राप्त होता है।

ड) **पानी का छिड़काव करना (Spraying)**– बिछावन में प्रतिदिन 2 से 3 बार पानी का छिड़काव करते रहना चाहिये जिससे शय्या गीला (Moist) बना रहे।

च) **मशरूम तोड़ना (Picking)**– 15 से 20 दिन में बिछावन (Bed) से मशरूम गुच्छें के रूप में निकलनाा प्रारम्भ हो जाती है जो मटर के दानों जैसे दिखते है, दूसरे दिन अण्डाकार आकार का हो जाता है। और तीसरे दिन झिल्ली फंटने लगती है। अतः झिल्ली फटने के पूर्व मशरूम को तोड़ लेना चाहिये। उंगली के सहारे मशरूम को पकड़कर थोडा लेने से मशरूम टूट जाता है एवं इसे जड़ सहित उखाड़ लेना चाहिये।

छ) **भण्डारण (Storage)**– मशरूम तोड़ने के पश्चात इसका उपयोग 10 से 12 घंटे के अन्दर सामान्य तापमान पर उपयोग कर लेना चाहिये। फ्रिज में 24 घंटे तक रखा जा सकता है इसके बाद उपयोग कर लेना चाहिये। यदि अधिक दिनों तक संग्रहित करना हो तो धूप में सुखाना चाहिये अथवा ड्रायर (सुखाने वाली मशीन) में 40 से 50 डिग्री. सेंटीग्रेट तापमान पर सुखा लेना चाहिये सूखे मशरूम को 6 माह से 1 वर्ष तक भण्डारित कर रखा जा सकता

है। सूखे मशरूम को गुनगुने पानी में आधा घंटे तक डालकर उपयोग किया जा सकता है। तथा पावडर बनाकर सूप बनाया जा सकता है।

ज) **फसल प्रबंध (Crop management)**– पैडी स्ट्रा (Paddy straw) मशरूम के लिये उच्च तापमान 30 से 42 डिग्री सेल्सियस और आर्द्रता 60–90 प्रतिशत की आवश्यकता होती है। कीडे और बीमारियों से बचाने के लिये सफाई आवश्यक है एवं 0.05 प्रतिशत कार्बेन्डाजिम का घोल बना कर कमरे में एवं शय्या के ऊपर छिड़काव करना चाहिये। ध्यान रहे जब मशरूम निकल रहें हो उस समय इन दवाओं का छिड़काव नहीं करना चाहिये।

झ) **आर्थिक लाभ (Economic benefit)**– एक घन मीटर यानी 1 मी. x 1 मी. x 1 मी. बिछावन बनाने लगभग 35 से 40 किलो ग्राम धान का पुआल 400 से 500 ग्राम मशरूम का बीज एवं 200 ग्राम चने की दाल का बेसन का मुख्य खर्च है। एक बिछावन से 2 से 3 किलो औसत मशरूम प्राप्त होता है।

पैडी स्ट्रा मशरूम उत्पादन का फ्लोचार्ट

धान के पुआल अथवा अन्य पोषाधार का चयन करना

↓

20 से 25 से.मी. व्यास के बंडल तैयार करना

↓

8 से 17 घंटे तक पानी में डुबोना

↓

पास्चुरीकरण करना

↓

आवश्यक पानी निकालना

↓

बीजाई करना

15 से 20 दिन के लिये नम अंधेरे कक्ष में रखना

↓

8 से 10 दिन में कवकजाल का फैलना

↓

4 से 5 दिन में पिन हेड निकलना

↓

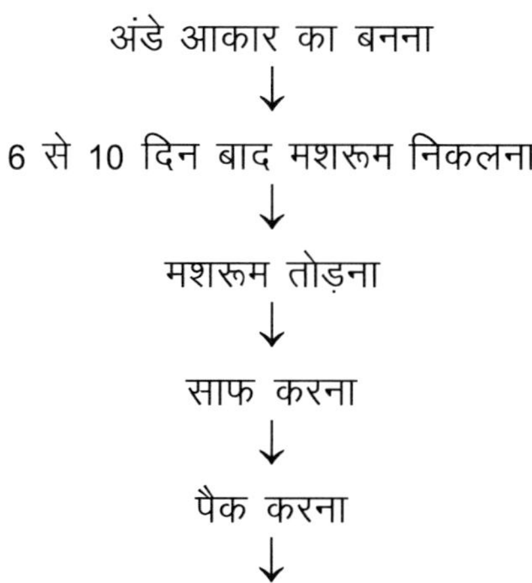
अंडे आकार का बनना
↓
6 से 10 दिन बाद मशरूम निकलना
↓
मशरूम तोड़ना
↓
साफ करना
↓
पैक करना
↓
बिक्री करना या सुखाना या संरक्षित करना

अध्याय 10

सफेद मिल्की मशरूम (White Milky Mushroom)

कैलोसाइबी देखनें मे दूध जैसा दिखता है इसलिये इसे दुधिया मशरूम कहते है। यह दूध चट्टा (Dudh chatta) के नाम से भी जाना जाता है, इसकी खेती के लिए आवश्यक तापमान 20–35 डिग्री सेल्सियस की आवश्यकता होती है। गर्मी के मौसम में यह प्रजाति सबसे उपयुक्त मानी गयी है। इस प्रजाति में झिल्ली नही पाई जाती है।

वर्गीकृत स्थान (Systemic position)

Kingdom - Fungi

Phylum - Basidiomycota

Class - Agaricomycetes

Order - Agaricales

Family - Plutaceae

Genus - *Calocybe*

Species - *Indica*

उत्पादन विधि– इसको धान के पुआल में या गेंहूँ के भूसा में आसानी से उगाया जा सकता है।

1. आवश्यक सामग्री

i) **गेंहूँ का भूसा या पैरा (Wheat or paddy straw)**– कैलोसाइबी को धान के पैरा या गेंहू के भूसे के ऊपर उगाया जाता है। गेंहू का भूसा या पैरा लेते समय इस बात का ध्यान रखना चाहिए कि यह पुराना न हो और न ही इसमें बरसात का पानी लगा हुआ हो।

ii) पालीथिन बैग–24 इंच लम्बा और 13–14 इंच चौड़ी पॉलीथिन का उपयोग किया जाता है।

iii) **स्पॉन (Spawn)**– प्रदूषण रहित 18–20 दिन पुराने स्पॉन का प्रयोग करना चाहिए।

iv) **रैक**– लोहे अथवा लकड़ी के रैक का उपयोग थैला रखने के लिए करना चाहिए।

v) **गोबर की पुरानी खाद (Old dung mannure)**– पकी हुई गोबर की खाद लगभग 2 साल पुरानी होना चाहिए, खाद का उपयोग केसिंग चढाने के लिए किया जाता है।

vi) **कार्बेन्डाजिम (Carbedazim)**– यह फफूंद नाशक दवा है इसका उपयोग भूसा (Straw) को उपचारित करने के लिए किया जाता है।

vii) **फॉर्मेल्डीहाइड (Formaldehyde)**– इसका उपयोग भूसा को उपचारित करने के लिये किया जाता है।

2. विधि (Method)

i)(अ) **रसायनिक विधि द्वारा भूसा को उपचारित करना (Treatment of the straw though chemical method)**– 0.5 प्रतिशत दर से कार्बेन्डाजिम का घोल बना लिया जाता है इसके पश्चात 1–1.5 मिली लीटर प्रति लीटर की दर से फार्मल्डीहाइड को मिला दिया जाता है तत्पश्चात भूसे को इस घोल में डुबा दिया जाता है।

(ब) **गर्म पानी के द्वारा (Hot water treatment)**– इस विधि में सबसे पहले भूसे को ठंडे पानी में 6 घंटे तक भीगो दिया जाता है इसके पश्चात् भूसे को छानकर किसी बड़े बर्तन या ड्रम में रखकर ऊपर से खौलता हुआ पानी डाल दिया जाता है, तत्पश्चात् ठंडा होने दिया जाता है तदोपरांत थैले में बीजाई की जाती हैं।

ii) **स्पॉनिंग (Spawning)**– भूसे को उपचारित करने के पश्चात स्पॉनिंग करते हैं, स्पानिंग मिश्रण (Mixed) एवं परत (Layer) विधि द्वारा किया जाता है। परन्तु परत विधि स्पॉनिंग अच्छी रहती है।

iii) **उत्पादन कक्ष (Growing room)**– स्पॉनिंग करने के पश्चात बैग को स्पॉनिंग कक्ष में रखना चाहिये जिसका तापमान 20–37 डिग्री सेन्टीग्रेड के

ऊपर न हो। इन बैग को 15–20 दिन तक उसी कमरे में रखा रहने दिया जाता है जिसमें पूर्ण रूप से कवक जाल फैल जाए।

iv) **केसिंग परत चढ़ाना (Casing)**– 15–20 दिन में जब पूर्ण रूप से कवक जाल बैग में फैल जाता है उसके पश्चात उसके ऊपर से थैल की सतह को समतल किया जाता है फिर बैग में 1 से 1.5 इंच मोटी 2 साल पुरानी गोबर की खाद की परत चढ़ाई जाती है, इसके पश्चात रैक में बैग को जमा कर उत्पादन कक्ष में रख दिया जाता है। रखनें के पश्चात स्प्रेयर की सहायता से इसमें पानी डाला जाता है।

v) **पानी देना (Watering)**– स्प्रेयर पम्प से पानी का छिड़काव किया जाता है, पानी का छिड़काव इस प्रकार करना चाहिये कि बैग में पानी भरने न पाये, केवल केसिंग मिट्टी नम (Moist) हो जाये।

vi) **मशरूम तोड़ना (Picking)**– 10–12 दिन केसिंग के पश्चात इसमें प्रीमोरडिया (Primordia) बनने लगती है, जो 5–6 दिन के अन्दर बढ़ जाती है। 5–6 से.मी. व्यास के घेरे पर इसे तोड़ लिया जाता है, इस समय कक्ष (Growing room) का तापक्रम 25–35 डिग्री से. ग्रे. और आर्द्रता 85–92 प्रतिशत होना आवश्यक है।

3. **आमदनी (Income)**– दुधिया मशरूम को ताजा बेचा जाता है तथा इसका डंठल एवं तना दोनो भाग खाये जाते है। दुधिया मशरूम का उत्पादन खर्च रू. 30 से 35 रू. प्रति किलो है तथा इसे बाजार में 80 से 100 रू. प्रति किलो की दर से बेचा जा सकता है।

अध्याय 11

सफेद बटन मशरूम (White Button Mushroom)

सफेद बटन मशरूम उपभोक्ताओं को काफी पसंद है, इसकी खेती प्राकृतिक अवस्था (Natural condition) में घर के बरामदे में, कमरे में जहां पर स्वच्छ हवा का आवागमन हो, ठण्ड की ऋतु में नवम्बर से फरवरी प्रथम सप्ताह तक सफलतापूर्वक किया जा सकता है। इसलिये यह ठण्ड की मशरूम के नाम से भी जाना जाता है। फलनकाय के लिये आवश्यक तापमान 14–18 डिग्री सेन्टीग्रेड एवं वनस्पतिक वृद्धि (कवकजाल) के फैलाव के लिये 22–25 डिग्री सेन्टीग्रेड होता है तथा 80 से 85 प्रतिशत नमी की आवश्यकता पड़ती है। यह तापक्रम नवम्बर माह से जनवरी माह तक उपलब्ध रहता है। यह देश में सर्वाधिक उत्पादित किये जाने वाली मशरूम की प्रजाति है। इसे भारत देश में मैदानी एवं पहाड़ी क्षेत्रो में ठंड के ऋतु में उत्पादित किया जाता है। नियंत्रित अवस्था (Controlled condition) में तापमान नियंत्रित कर बटन मशरूम की खेती सफलतापूर्वक वर्ष भर की जा सकती है। भारतवर्ष में बटन मशरूम की *अगेरिकस बाइस्पोरस* (*Agaricus bisporus*) प्रजाति का सर्वाधिक उत्पादन किया जाता है। बटन मशरूम की एक अन्य प्रजाति का भी उत्पादन किया जाता है जिसके उत्पादन के लिये अधिक तापमान की आवश्यकता होती है, इस प्रजाति का वैज्ञानिक नाम *अगेरिकस बाइटार्कस* (*Agaricus bitorques*) है।

वर्गीकृत स्थान (Systemic position)

Kingdom - Fungi
Phylum - Basidiomycota
Class - Agaricomycetes
Order - Agaricales
Family - Agarcaceae
Genus - *Agaricus*
Species - *Bitorques, biosporus*

1. **उत्पादन विधि (Production method)**– बटन मशरूम के उत्पादन विधि को चार चरणों में विभाजित कर सकते हैं।

   i) मशरूम का बीज तैयार करना। (Preparation of spawn)

   ii) कम्पोष्ट तैयार करना। (Preparation of compost)

   iii) तैयार कम्पोस्ट में बीज मिलाना (Spawning of prepared compost)

   iv) केसिंग (Casing) चढ़ाना

i) **मशरूम का बीज तैयार करना (Preparation of spawn)**– तकनीकी भाषा में मशरूम के बीज को स्पॉन कहते हैं। स्पॉन अत्यंन्त सावधानीपूर्वक तैयार किया जाता है, यह अनाज के दानों जैसे गेहूं, ज्वार, बाजरा आदि को उबालकर इसमें कैल्शियम कार्बोनेट एवं कैल्शियम सल्फेट की एक निश्चित मात्रा मिलाकर कॉँच की बोतलों में अथवा पोली प्रोपलीन के थैलो में भरकर जीवाणुरहित किया जाता है। इसके पश्चात निवेशित कक्ष में उतक संवर्धन विधि द्वारा स्पॉन तैयार कर लिया जाता है। स्पॉन तैयार करने के लिये उच्च तकनीकी की आवश्यकता होती है, स्पॉन मशरूम प्रयोगशाला में ही बनाया जा सकता है, जिसका वर्णन किया जा चुका है।

ii) **कम्पोस्ट तैयार करना (Preparation of compost)**– बटन मशरूम के लिये कम्पोस्ट तैयार करना एक महत्वपूर्ण भाग है। मशरूम के पोषण के लिये कार्बनिक यौगिकों की आवश्यकता रहती है, जो पौधों के अवशेष से प्राप्त होते हैं। इसके अतिरिक्त कुछ तत्व जैसे सल्फर, नाईट्रोजन पोटेशियम आदि की आवश्यकता रहती है जो कुछ मात्रा में रासायनियक खाद से प्राप्त की जा सकती है मशरूम इन यौगिकों से सीधे पोषक तत्व ग्रहण नहीं कर पाता इललिये इन यौगिकों को सड़ना–गलना आवश्यक होता है, जो सूक्ष्म जीवाणुओं की उपस्थिति में जटिल कार्बनिक पदार्थ से सरल कार्बनिक पदार्थ में परिवर्तित हो जाते है, जिससे मशरूम उन पोषक तत्वों को आसानी से ग्रहण कर लेता है, जो उसके लिये आवश्यक है। मुख्य रूप से कम्पोस्ट तैयार करने के लिये दो प्रकार की विधि उपयोग में लाई जाती है।

   अ) लम्बी अवधि द्वारा (Long method)

   ब) कम अवधि द्वारा (Short method)

पाश्चुराइजेशन की सुविधा उपलब्ध होने पर कम अवधि द्वारा कम्पोस्ट तैयार कर लिया जाता है, जो उत्पादक अधिक मात्रा में बटन मशरूम उगाना चाहते हैं उनके

लिये यह विधि उपयोगी है। लम्बी विधि उनके लिये उपयोगी हैं जिनके पास पाश्चुराइजेशन की सुविधा उपलब्ध नहीं है और कम मात्रा में मशरूम उगाना चाहते हैं। सामान्यतः छोटे उत्पादक लम्बी अवधि द्वारा ही कम्पोस्ट तैयार करते हैं तथा 28 दिन में यह कम्पोस्ट बनकर तैयार हो जाती है, इस बीच 7 से 8 पलटाई करनी पड़ती है।

अ) **लम्बी अवधि द्वारा (Long method)**– मशरूम के अनुसंधान संस्थानो पर वैज्ञानिको के द्वारा निरंतर अधिक उत्पादन प्राप्त करने के लिये अनुसंधान किया जा रहा है। वैज्ञानिको द्वारां अधिक उत्पादन प्राप्त करने के लिये कई फार्मूला विकसित किये है जिसका विवरण दिया जा रहा है।

राष्ट्रीय मशरूम अनुसंधान केन्द्र सोलन द्वारा विकसित दिया गया फार्मुला

पदार्थ	मात्रा
गेहूं का भूसा	300 किलो ग्राम
अमोनियम सल्फेट	9 किलो ग्राम
यूरिया	3.6 किलो ग्राम
म्यूरेट पोटाश	3 किलो ग्राम
सुपर फॉस्फेट	3 किलो ग्राम
गेहूं का चोकर (ब्रान)	30 किलो ग्राम
जिप्सम	30 किलो ग्राम

विधि

कम्पोस्ट, कम्पोस्टिंग यार्ड में बनायी जाती है, कम्पोस्टिंग यार्ड जिसकी फर्श पक्की हो तथा चारों ओर से खुला रहे एवं धूप, वर्षा के बचाव के लिये छत हो जिसका विवरण मशरूम घर एवं उसका अभिन्यास (Mushroom houses & designing) मे दिया गया है। सर्वप्रथम फर्श को पानी से धो कर 2 प्रतिशत फार्मलिन का घोल बनाकर छिड़काव किया जाता है, इसके बाद गेंहू के भूसे की सम्पूर्ण मात्रा को मिलाकर 24 घंटे तक पड़ा रहने देते हैं। गेंहू के चोकर की आधी मात्रा को हल्का सा भिगो (Moist) दिया जाता है एवं 2/3 भाग केल्शियम अमोनियम नाइट्रेट, यूरिया 2.4 किलो, सुपर फॉस्फेट तथा पोटेशियम सल्फेट की सम्पूर्ण मात्रा को गेंहू के चोकर (Wheat bran) में मिलाकर गनी बैग से ढक कर रख दिया जाता है, इसको – पहला दिन (-1 day) कहा जात है।

0 दिन– 24 घंटे बाद गीले गेंहूं के भूसे में मिश्रित किया हुआ चोकर और अन्य पदार्थ को मिला दिया जाता है एवं 1 मीटर उंचा, 1 मीटर चौड़ा और 15–20 फीट लंबा ढेर बना दिया जाता है। (लंबाई कम या अधिक खाद बनाने की मात्रा एवं कम्पोस्टिंग यार्ड की लंबाई पर निर्भर करता है)

1–5 दिन– पाँचवे दिन बचा हुआ 1/2 मात्रा गेहूँ के चोकर की एवं बची हुई कैल्शियम अमोनियम नाइट्रेट तथा यूरिया की मात्रा को मिला दिया जाता है तथा गनी बैग से ढक दिया जाता है।

6 दिन– पहली पलटाई (First truning) – छटवे दिन ढेर बने हुये कम्पोस्ट की पहली पलटाई की जाती है, तथा उसमें पांचवे दिन तैयार किये हुए मिश्रण को मिला दिया जाता है।

10 वे दिन– दूसरी पलटाई (Second truning) – दसवे दिन ढेर को तोड़ दिया जाता है और पुनः ढेर बना दिया जाता है।

13 वे दिन– तीसरी पलटाई (Third truning) – ढेर तोडकर 30 किलो जिप्सम मिलाते है, फिर ढेर बना देते है।

16 वे दिन– चौथी पलटाई (Fourth turning) – ढेर तोड़कर पुनः स्टॉक बनाते है।

19 वे दिन– पाँचवी पलटाई (Fifth turning) – ढेर तोड़कर पुनः स्टॉक बनाते है।

22 वे दिन– छठवी पलटई (Sixth turning) – कम्पोस्ट में 250 ग्राम मैलाथियान डस्ट मिला देते हैं और ऊपर विधि के अनुसार पुनः ढेर बना देते हैं।

28 वे दिन–भराई– 28 दिन बाद कम्पोस्ट बनकर तैयार हो जाती है तत्पश्चात बीजाई (कम्पोस्ट में स्पानिंग करना) की जाती है है।

ब) **कम अवधि द्वारा (Short method)**– छोटी अवधि द्वारा कम्पोस्ट 15 दिन में बनकर तैयार हो जाती है। यह विधि लम्बी अवधि द्वारा तैयार किये गये कम्पोस्ट की अपेक्षा कई गुना वेहतर होती है तथा उत्पादन भी अच्छा प्राप्त होता है, एवं कीड़ो, रोगो का प्रकोप भी कम होता है। इस विधि में जो फार्मूले उपयोग किये जाते हैं वह निम्नानुसार हैं।

i) आई.ए.आर.आई. नई दिल्ली द्वारा दिया गया फार्मूला (Foumula given by IARI New Delhi)

घोड़े की लीद	:	1000	किलोग्राम
गेंहूँ का भूसा	:	350	किलोग्राम
यूरिया	:	3	किलोग्राम
जिप्सम	:	40	किलोग्राम

ii) एन.सी.एम.आर.टी. सोलन द्वारा दिया गया फार्मूला (Foumula given by NCMRT, Solan)

गेंहूँ का भूसा	:	300	किलोग्राम
गेंहूँ का चोकर	:	15	किलोग्राम
मुर्गी की खाद	:	125	किलोग्राम
यूरिया	:	5.5	किलोग्राम
जिप्सम	:	20	किलोग्राम

iii) आई.सी.ए.आर. अनुसंधान केन्द्र सिलांग द्वारा दिया गया फार्मूला (Formula given by ICAR Research Complex, Shillong)

धान का पुआल	:	400	किलोग्राम
अमोनियम सल्फेट	:	9	किलोग्राम
यूरिया	:	3.6	किलोग्राम
मोलेसस	:	5	किलोग्राम
पोटेशियम सल्फेट	:	3	किलोग्राम
सिंगल सुपर फास्फेट	:	3	किलोग्राम
जिप्सम	:	30	किलोग्राम
गेहूँ का चोकर	:	30	किलोग्राम
केल्थान/इकालेक्स	:	40	मि.ली.

iv) अ) भरतीय बागवानी अनुसंधान संस्थान द्वारा दिया गया फार्मुला (Formula given by IIHR, Bangalore)

धान की पुआल की कुट्टी	:	150	किलोग्राम
मक्का के डंठल की कुट्टी	:	150	किलोग्राम
अमोनियम सल्फेट	:	9	किलोग्राम
सुपर फास्फेट	:	9	किलोग्राम
यूरिया	:	9	किलोग्राम
धान की भूसी	:	50	किलोग्राम
कपास के बीज का पाउडर	:	5	किलोग्राम
जिप्सम	:	12	किलोग्राम
कैल्सियम कार्बोनेट	:	10	किलोग्राम

ब)

धान की पुआल की कुट्टी	:	300	किलोग्राम
कैल्सियम अमोनियम नाइट्रेट	:	9	किलोग्राम
सुपर फास्फेट	:	9	किलोग्राम
यूरिया	:	4	किलोग्राम
गेहूँ का चोकर	:	30	किलोग्राम
जिप्सम	:	12	किलोग्राम
कैल्सियम कार्बोनेट	:	10	किलोग्राम

v) अ) चौधरी चरण सिंह हरियाणा कृषि विश्वविद्यालय द्वारा दिया गया फार्मुला (Formula given by CCSHAU)

गेहूँ का भूसा	:	300	किलोग्राम
गेहूँ का चोकर	:	30	किलोग्राम
कैल्सियम अमोनियम नाइट्रेट	:	9	किलोग्राम
यूरिया	:	3.6	किलोग्राम

म्युरेट आफ पोटास	:	3	किलोग्राम
सिंगल सुपर फास्फेट	:	3	किलोग्राम
शीरा	:	5	किलोग्राम

ब)

गेहूॅ का भूसा	:	300	किलोग्राम
मुर्गी की खाद	:	60	किलोग्राम
गेहूॅ का चोकर	:	7.5	किलोग्राम
जिप्सम	:	30	किलोग्राम
कैल्सियम अमोनियम नाइट्रेट	:	6	किलोग्राम
यूरिया	:	2	किलोग्राम
म्यूरेट ऑफ पोटास	:	2	किलोग्राम

स)

गेहूॅ का भूसा	:	300	किलोग्राम
मुर्गी की खाद	:	60	किलोग्राम
गेहूॅ का चोकर	:	8	किलोग्राम
जिप्सम	:	20	किलोग्राम
कैल्सियम अमोनियम नाइट्रेट	:	6	किलोग्राम
यूरिया	:	4	किलोग्राम
म्यूरेट ऑफ पोटास	:	2	किलोग्राम
सिंगल सुपर फास्फेट	:	2	किलोग्राम
शीरा	:	5	किलोग्राम

अल्पविधि द्वारा कम्पोस्ट बनाने की विधि (Short method composting)

अल्पविधि द्वारा कम्पोस्ट बनाने की विधि दो चरणो में पुर्ण होती है। प्रथम चरण में 7 से 12 दिन लगते है जो कम्पोस्टिंग यार्ड में की जाती है तथा दुसरे चरण में 3 से 7 दिन का समय लगता है जो बल्क पास्चुरीकरण कक्ष (Bulk pasteurization chamber) में किया जाता है। इस विधि से खाद 15 दिन के अन्दर बनकर तैयार हो जाती है और यह खाद अच्छी गुणवत्ता वाली होती है (प्लेट–7)।

पहली अवस्था (Phase-I)

बाहरी खाद बनाना (Outdoor composting) : इस विधि के द्वारा खाद बनाना लम्बी अवधि द्वारा बनाई गई खाद से भिन होती है। इस अवस्था में कच्चे खाद पद्यार्थ को एक दूसरे में मिलाकर मिश्रण तैयार किया जाता है तथा ढेर बनाकर समय समय पर इसकी पलटाई भी की जाती है।

– 7 दिन (-7 days) : प्रारंभिक ढेर बनानें के लिये गेहूँ के भूसे को कम्पोसिंग यार्ड में रखकर पानी छिड़ककर गीला किया जाता है तथा 1/2 मीटर उचॉई तक ढेर बनाया जाता है।

– 4 दिन (-4 days) : गीले भूसे में मुर्गी की खाद मिलाई जाती है तथा पुनः ढेर बना दिया जाता है।

– 2 दिन (-2 days) : प्रारंभिक रूप से बनाई गई खाद को पलट कर उसमें आधी मात्रा में गेहूँ का चोकर मिला देते है।

0 दिन (0 day) : ढेर को तोड़कर शेष बची हुई गेहूँ के चोकर की मत्रा तथा सम्पूर्ण यूरिया की मात्रा को मिला दिया जाता है तथा पुनः ढेर बना दिया जाता है। ढेर के मध्य में हवा को आने जाने के लिये ढेर के बीच में छिद्रयुक्त पाइप का उपयोग किया जाता है जिससे खाद के विघटन की प्रक्रिया जल्दी शुरू हो जाये। खाद ढेर बनानें के बाद 8 से 10 घंटे हवा का प्रवाह किया जाता है। इसके पश्चात 30 मिनट के लिये बन्द कर दिया जाता है फिर 10 मिनट के लिये चालू कर दिया जाता है।

+2 दिन (+2 days) : ढेर तोड़कर, ढेर की पहली पलटाई की जाती है। ढेर का चारो तरफ के बाहरी भाग को तोड़कर अलग रख दिया जाता है तथा मध्य एवं नीचे के भाग को अलग रख दिया जाता है तथा पुनः ढेर बनाया जाता है। ढेर इस प्रकार बनाना चाहिये कि ढेर के ऊपर का भाग मध्य में तथा नीचे का भाग ऊपर होना चाहिये।खाद ढेर बनानें के बाद 8 से 10 घंटे हवा का प्रवाह किया जाता है । इसके पश्चात 30 मिनट के लिये बन्द कर दिया जाता है फिर 10 मिनट के लिये चालू कर दिया जाता है।

+4 दिन (+4 days) : ढेर तोड़कर, ढेर की दूसरी पलटाई की जाती है तथा इस पलटाई में जिप्सम मिला दिया जाता है। उपयुक्त विधि के अनुसार पुनः ढेर बनाया जाता है।

+6 दिन (+6 days) : दूसरी पलटाई के अनुसार ढेर तोड़कर पुनः ढेर बनाया जाता है।

+8 दिन (+8 days) : आठवें दिन बल्क पास्चुरीकरण कक्ष (Bulk pasteurization chamber) में खाद को भरा जाता है।

दूसरी अवस्था (Phase-II)

भीतरी खाद बनाना (Indoor composting) : बल्क पास्चुरीकरण कक्ष (Bulk pasteurization chamber) में खाद को 6 से 7 फुट की उचॉई तक भर दिया जाता है अथवा ट्रे या सेल्व (Shelves) में भर कर चेम्बर के सभी द्वार बन्द कर दिये जाते है। इस कक्ष में भाप के लिये बायलर एवं हवा के लिये ब्लोअर का संबध किया जाता है जिसके द्वारा हवा का सरकुलेशन किया जाता है। यह अवस्था मुख्य रूप से निम्न चरणो में पूर्ण होती है ।

अ) **प्रारंभिक चरम ताप अवस्था (Pre-peak heat stage)–** कम्पोस्ट भरने के 12 से 15 घंटे के बाद कम्पोस्ट का तापमान बढ़नें लगता है तथा तापमान 48 से 50 डिग्री सेल्सियस तक पहुचनें पर इसे 36 से 40 घंटे तक नियंत्रित किया जाता है।

ब) **चरम ताप अवस्था (Peak heat stage)–** इस अवस्था में बायलर के द्वारा भाप चेम्बर में भेजते है जिससे कम्पोस्ट का तापमान बढ़ जाय । तापमान 50 से 58 डिग्री सेल्सियस तक पहुचनें पर बायलर बन्द कर दिया जाता है तथा तापमान को 6 से 8 घंटे तक नियंत्रित किया जाता है जिससे पास्चुरीकरण अच्छी तरह से हो जाये।

स) **पश्च चरम ताप अवस्था (Post-peak heat stage)–** इस अवस्था में शुद्ध हवा फिल्टर के द्वारा चेम्बर में प्रवाहित कर तापमान को कम किया जाता है जब तापमान 50 से 52 डिग्री सेल्सियस तक हो जाये तब यह तापमान 3 से 4 दिन तक नियंत्रित कर बनाये रखा जाता है। 4 दिन बाद शुद्ध हवा फिल्टर के द्वारा चेम्बर में प्रवाहित कर तापमान 25 से 28 डिग्री सेल्सियस तक कर दिया जाता है। ठंडा होने के पश्चात कम्पोस्ट स्पानिंग के लिये तैयार हो जाता है।

स्पानिंग (Spawning)– कम्पोस्ट बननें के पश्चात 0.5 से 0.75 प्रतिशत स्पॉन कम्पोस्ट में परत विधि द्वारा या मिश्रित विधि द्वारा मिला दिया जाता है। खाद बननें के पश्चात तुरंत स्पानिंग की प्रक्रिया शुरू कर देना चाहिये अन्यथा कन्टामिनेशन (प्रदूषित/संक्रमित) होनें लगता है। स्पानिंग के बाद ऊपर के खुले हुये भाग को समाचार पेपर से जीवाणुरहित करके ढक देना चाहिये।

स्पॉन रन (Spawn run)– स्पानिंग के बाद ट्रे सेल्व को कवकजाल फैलनें वाले कक्ष में रख दिया जाता है। तथा कमरे का तापमान 24 से 25 डिग्री सेल्सियस तथा अर्द्रता 85 से 90 प्रतिशत तक नियंत्रित करके रखा जाता है। कवकजाल की अच्छी बढ़वार के लिये कमरे के कार्बन डाइआक्साइड का लेवल 0.2 प्रतिशत का होना आवश्यक है। वातावरणीय अवस्था अच्छी होने पर 14 से 15 दिन में स्पॉन का फैलाव कम्पोस्ट में हो जाता है।

केसिंग एवं केस रन (Casing and case run)– मशरूम का फलनकाय (Fruiting body) निकलनें के लिये विभिन्न पद्यार्थो का मिश्रण तैयार कर समाचार पत्रो को पालीथिन या ट्रे के ऊपर से हटाकर आवरण चढ़ाया जाता है। यदि आवरण न चढ़ाया जय तो मशरूम नही निकलता है। एक से डेढ़ इंच मोटी पास्तुरीकृत केसिंग चढ़ाई जाती है। केसिंग का मिश्रण निम्नानुसार बनाया जाता है।

i) 2 वर्ष पुरानी कम्पोस्ट (2 year spent compost)

ii) 2 वर्ष पुरानी कम्पोस्ट + एफ. वई. एम. (Spent compost +FYM) 2:1

iii) मृदा + एफ. वई. एम. (Soil +FYM) 1:3

iv) मृदा + वर्मी कम्पोस्ट (Soil +FYM) 1:1

v) मृदा + रेत (Soil +sand) 4:1

vi) 2 वर्ष पुरानी कम्पोस्ट + एफ. वई. एम. + क्ले मृदा
(2 year spent compost+FYM+clay loam) 2:1:1

उपयुक्त बनाये गये केसिंग मिश्रण मे से कोई एक मिश्रण का उपयोग किया जा सकता है।

केसिंग के कार्य

i) कवक जाल फैलने के लिये नमी को बनाये रखता है।

ii) मशरूम शय्या में वाष्पोसर्जन को बनाये रखता है ।

iii) कम्पोस्ट को सूखनें से बचाता है।

iv) यह भौतिक एवं यांत्रिक रूप से सहारा प्रदान करता है।

v) बढ़ते हुये मशरूम को अच्छा वातावरण एवं कुछ पोषक तत्व प्रदान करता है।

केसिंग पास्चुरीकरण कक्ष (Casing pasteurization chamber)– केसिंग मिश्रण को केसिंग पास्चुरीकरण कक्ष में 60 से 65 डिग्री सेल्सियस पर पास्चुरीकरण किया जाता है तत्पश्चात केसिंग चढ़ाई जाती है। केसिंग का पी एच मान 7 से 7.5 तक होना चाहिये। केसिंग आवरण चढ़ानें के पश्चात थैले या ट्रे या सेल्व को केसिंग रनिंग कक्ष में रख देना चाहिये जिसका तापक्रम 24 से 25 डिग्री सेल्सियस हो तथा आर्द्रता लगभग 80 प्रतिशत से ऊपर होना चाहिये जिससे केसिंग में कवक जाल सीघ्रता से फैल सके। केसिंग चढ़ानें के बाद पानी का छिड़काव करते रहना चाहिये जिससे वह सूखनें से बचा रहे।

पिनिंग एवं क्रापिंग (Pining and cropping)– केसिंग आवरण में जब कवकजाल फैल जाता है उस समय ट्रे को फसल कक्ष में स्थान्तरित कर दिया जाता है जिसका तपमान 14 से 18 डिग्री सेल्सियस हो तथा आर्द्रता 80 से 90 प्रतिशत हो। 7 से 10 दिन के अन्दर पिन हेड निकलना प्रारंभ हो जाता है। इस समय कमरे में बढ़ते हुये मशरूम को स्वच्छ हवा/आक्सीजन की आवश्यकता होती है तथा अशुद्ध हवा कार्बन डाईआक्सइड को बाहर निकालनें की आवश्यकता होती है। इसके लिये कक्ष में शुद्ध हवा आने के लिये (Inlet fan) एवं अशुद्ध हवा बाहर निकलने के लिये (Exhaust fan) पंखे लगे रहते है। शय्या के ऊपर पानी का हल्का छिड़काव करते रहना चाहिये जिससे शय्या (Bed) में नमी बनी रहे।

फसल तोड़ना (Harvesting/Picking)– बटन मशरूम की टोपी खुलनें के पहले ही हल्के हाथ से पकड़कर दाये या बाये घुमाकर मशरूम को तोड़ लेना चाहिये। तोड़े हुये स्थान पर हल्का सा गड्ढा हो जाता है इसलिये उसमें केसिंग आवरण चढ़ा देना चाहिये जिससे पानी का जमाव न हो।

साफ करना (Cleaning)– मशरूम को तोड़ने के बाद इसकी सफाई की जाती है। मशरूम के नीचे वाला भाग (जड़) वाला भाग काटकर अलग कर दिया जाता है।

पैक करना (Packing)– 10×20 से.मी. आकार के पालीथिन के बैग में साफ किये हुये मशरूम को भरकर पैक कर देना चाहिये तथा इसमे 2 मि.मी. आकार के छिद्र कर देना चाहिये बैग में हवा का प्रवाह होता रहे। पैक किये हुये मशरूम को बाजार में बिक्री हेतु उपलब्ध करा देना चाहिये।

बटन मशरूम उत्पादन का फ्लोचार्ट

कम्पोस्ट बनाना
↓
(अ) लम्बी अवधि द्वारा 28 दिन (ब) अल्पविधि द्वारा 14–16 दिन
↓
तैयार खाद
↓
बीजाई करना
↓
ट्रे या पोलीथिन में भरना
↓
खुले हुये ऊपरी भाग को जीणुरहित पेपर से ढकना
↓
स्पॉन रनिंग कक्ष में कवक जाल फैलाव के लिये रखना
↓
20 दिन बाद केसिंग करना
↓
22 से 25 डिग्री सेन्टीग्रेड तापमान और 80 से 85 प्रतिशत आर्द्रता नियंत्रित करना
↓
उत्पादन कक्ष में रखना 16 से 18 डिग्री सेल्सियस तापमान और 80 से 85 प्रतिशत आर्द्रता नियंत्रित करना
↓
पिन हेड निकलना
↓
शुद्ध हवा को कक्ष के अन्दर प्रवाह करना एवं अशुद्ध हवा बाहर निकलना
↓
हल्का पानी का छिड़काव ट्रे या पोलीथिन पर छिड़काव करना
↓
14 से 18 दिन बाद मशरूम तोड़ने के लिये तैयार
↓
मशरूम तोड़ना
↓
साफ करना
↓
पैक करना
↓
बिक्री करना या संरक्षित करना

Wetting of the Straw

Low Stack of Wetted Straw

Mixing of Ingredients

Making of Pile

Compost Piles

Pasteurization of Compost

1. भूसा को गीला करना 2. ढेर करना 3. सामग्री का मिश्रण करना 4. ढेर बनाना 5. कम्पोस्ट का ढेर 6. कम्पोस्ट का पास्चुरीकरण करना

प्लेट–7: कम्पोस्ट बनाने की विधि स्त्रोत : राष्ट्रीय बागवानी बोर्ड (2011)

अध्याय 12

फसल प्रबंन्धन (Crop Management)

मशरूम एक प्रकार की क्लोरोफिल रहित (Achlorophyllus plant) पौधे का फलन काय (Fruiting body) है जिसमें फूल, पत्ती एवं कलिका नहीं बनते अथवा इसे ऐसा भी कहा जा सकता है कि यह एक कवक कुल का वृहद कवक है जिसे नग्न आखो से देखा जा सकता है। इसे कवक समूह में वर्गीकृत किया जाता है इसलिए इसे खाने वाली फफूंद का फलनकाय भी कहते हैं। इसका जननीय भाग (Reproductive organ) ही मशरूम या छत्रक (मशरूम) है। इसका वर्धी अंग (Vegetative organ) एक महीन सफेद रेशेदार (धागेनुमा संरचना) (Thread like structure) होता है, जिसे कवक तन्तु (Hypha) कहते हैं। हाइफा के समूह को कवक जाल (Mycelium) कहते हैं। मशरूम में हरा पदार्थ (Chlorohhyll) न होने के कारण यह हरे पौधे की भांति स्वयं भोज्य पदार्थ नहीं बनाता है, और न ही सूर्य की रोशनी की आवश्यकता होती है। यह अपना भोज्य पदार्थ सेल्यूलोज एवं लिग्लिन (Ligning) युक्त कार्बनिक पदार्थ के ऊपर आश्रित रहकर बनाता है। इसकी खेती के लिए अंधकार युक्त छांयादार कमरे की आवश्यकता होती है एवं उपयुक्त वातावरण {(Favourable condition), तापमान (Temparature), आर्द्रता (Humidity)} निर्मित कर उगाया जाता है। मध्यप्रदेश की जलवायु में मुख्यतः चार प्रकार की जातियों की खेती की जाती है। 1. आयस्टर (Oyster) मशरूम, 2. बटन मशरूम (Button mushroom), 3. पैडिस्ट्रा मशरूम (Paddy straw mushroom) एवं 4. मिल्की मशरूम इन चारो प्रकार की जातियों का फसल प्रबंधन निम्नानुसार है।

1. **बटन मशरूम (Button mushroom)**– बटन मशरूम को शीतकालीन मशरूम के नाम से भी जाना जाता है। इसकी दो प्रकार की प्रजाति अपने यहां पर उगाई जाती है। *अेगरिकस बाईस्पोरस* (*Agaricus bisporus*) व *अगेरिकस बाईटारकिस* (*A. bitorquis*) इसके फसल प्रबंधन को चार भागों में विभक्त कर सकते हैं।

i) **स्पॉन, स्पानिंग और स्पॉन रन (Spawn, spawning and spawn run)**– स्पॉन का गुणन (Multiplication) स्वस्थ संवर्धन (Culture) से किया जाना चाहिये, अन्यथा स्पॉन के द्वारा वाइरल (Viral) बीमारी फैलने की संभावना बढ़ जाती है। बटन मशरूम का स्पॉन हल्के भूरे रंग (Light brownish/grayish) का होता है। यदि इसमें किसी भी प्रकार की पीली, हरी, काली फफूंद दिखे तो ऐसे स्पॉन का प्रयोग गुणन के लिये नहीं करना चाहिये। स्पानिंग (Spawning) के समय कम्पोस्ट की आर्दता (Humidity) 65 से 72 प्रतिशत के बीच होना चाहिए। यह इस बात पर निर्भर करता है कि आप ट्रे का उपयोग कर रहे हैं या पालीथिन बैग का. यदि ट्रे का उपयोग किया जाए तो उसकी आर्द्रता 66–72 प्रतिशत के बीच होना चाहिए, आर्द्रता कम होने पर सही तरीके से कवकजाल (Mycellium) नहीं फैलता, आर्द्रता प्रतिशत अधिक होने की वजह से दूसरे प्रकार की फफूंद (Mould) एवं जीवाणु (Bacteria) का आक्रमण हो जाता है जिससे मशरूम का कवक जाल मर जाने की संभावना बढ़ जाती है।

स्पॉन को खाद (Compost) में मिलाने के पश्चात उसे अच्छी तरह से ट्रे या बैग में दबाकर भरना चाहिए, जिससे स्पॉन रन शीघ्रता से होता है। स्पॉन कम्पोस्ट में 0.5 प्रतिशत की दर से कम्पोस्ट के गीले भाग (Wet) के अनुपात में मिलाना चाहिए। ट्रे या बैग में स्पॉन भर लेने के पश्चात यह देख लेना चाहिए कि इसके ऊपरी भाग (खुले हुए भाग) में कम्पोस्ट चारों तरफ एक बराबर समतल भरी है या नहीं, यदि समतल नहीं है तो उसे समतल कर लेना आवश्यक है, अन्यथा पानी डालते समय नीचे स्थान में पानी भरने से कम्पोस्ट में दूसरी प्रकार के जीवाणु/मोल्ड फैलने लगते हैं, जो स्पॉन रन में बाधा डालते हैं। स्पॉन रन के समय कम्पोस्ट शय्या (Compost bed) का तापमान 24 डिग्री सेल्सियस होना चाहिए। ऐसा न होने से स्पॉन रन प्रभावित होता है। कमरे के अंदर जब तापमान 22 डिग्री सेल्सियस रहता है तब कम्पोस्ट के अंदर (भरी हुई बैग या ट्रे) का तापमान 24 डिग्री सेल्सियस 2 डिग्री सेल्सियस अधिक होता है। स्पॉन रन के समय आक्सीजन की आवश्यकता नहीं होती, इसलिए ताजी हवा प्रवाहित (Air circulation) नहीं करना चाहिए। कमरे को बंद करके रखना चाहिए। स्पॉन रन के समय कार्बन डाई आक्साइड (CO_2) की अधिक सांद्रता (Concentration) की आवश्यकता

रहती है, इससे स्पॉन रन शीघ्रता से होता है। यदि मशरूम का उत्पादन ट्रे में या शेल्व (Shelves) में कर रहें हैं तो स्पॉन रन के समय न्यूज पेपर से ट्रे के उपर का खुला भाग ढक देना चाहिए। यदि बैग में कर रहे हैं तो उसके मुंह को पालीथिन के उपरी हिस्से से मोड़ देना चाहिए जिससे वह भाग खुला न रहे। न्यूज पेपर में प्रतिदिन 1 से 2 बार स्प्रे से पानी छिड़काव करते रहना चाहिए और इस बात का ध्यान रखना चाहिए कि पेपर गीला रहे सूखने न पाए एवं पानी कम्पोस्ट के अंदर न जाए। पालीथिन बैग में पानी छिड़कने की आवश्यकता नहीं होती है। कमरे के अंदर आर्द्रता 85–95% होना चाहिए। इतनी आर्द्रता रहने से कम्पोस्ट सूखता नहीं है और स्पॉन रन शीघ्रता से होता है। आर्द्रता (Humudity) नियंत्रित करने के लिये स्प्रे पम्प से कमरे की दीवार पर एवं फर्श पर पानी का छिड़काव करना चाहिए। यदि कम्पोस्ट कम अवधि विधि (Short method) से बनाई गई है तो इसमें स्पॉन रन 14 से 15 दिन में तैयार हो जाता है, जब तापमान 24 डिग्री सेल्सियस 26 डिग्री सेल्सियस के बीच में रहें। पर यदि कम्पोस्ट लंबी अवधि की विधि (Long method) से बनाई गई है तो उसमें स्पॉन रन 20 से 25 दिन के बीच में होता है।

ii) **केसिंग और केस रन (Casing and case run)**– केसिंग उसे कहते हैं जब ट्रे अथवा बैग में पूर्ण रूप से कवक जाल फैलने के बाद मिट्टी एवं रेत (2:1) अथवा गोबर की सड़ी खाद एवं मिट्टी की एक निश्चित मात्रा (1:1) मिलाई जाती है। 1 से$^{1/2}$ इंच मोटी परत पुराना पेपर हटाकर ट्रे या पालीथिन के बैग में केसिंग मिट्टी चढ़ाई जाती है। केसिंग रन उसे कहते है जब केसिंग मिट्टी चढ़ाने के पश्चात उसमें कवकजाल फैलना प्रारंभ हो जाता है। केसिंग मिट्टी चढ़ाना अत्यंत आवश्यक होता है, इसके बिना बटन मशरूम नहीं निकलता है। केसिंग रन के समय कमरे का तापमान 24 डिग्री सेल्सियस से 25 डिग्री सेल्सियस होना चाहिए तथा कार्बन डाईआक्साईड की सांद्रता की एक निश्चित मात्रा का होना आवश्यक है, इसके नियंत्रण के लिए कमरे को बंद रखना चाहिए। केसिंग मिट्टी की आर्द्रता 85–90 प्रतिशत होना चाहिए तथा पी.एच. 7 से 7.5 तक होना आवश्यक है। इस वातावरणीय परिस्थिति में केसिंग मिट्टी में कवकजाल शीघ्रता से फैलकर जनन अवस्था (Reproductive stage) में आता है। केसिंग मिट्टी हमेशा गीली

होना चाहिए अर्थात आर्द्र होना चाहिए एवं इसको भाप से 60 डिग्री से 65 डिग्री सेल्सियस के तापमान पर 6–8 घंटे तक उपयोग करने के पहले जीवाणु रहित करना चाहिए। यदि फॉर्मेल्डीहाइड से जीवाणु रहित (Pasteurization) करना है तो 48 से 72 घंटे तक करने के पश्चात उपयोग करना चाहिए। केसिंग मिट्टी चढ़ाने के पश्चात स्प्रे पम्प से दिन में एक से दो बार पानी का छिड़काव करते रहना चाहिए जिससे मिट्‌टी आर्द्र बनी रहे एवं इसकी उपरी सतह सूखे नही। केसिंग मिट्‌टी चढाने के पश्चात 8–10 दिन में कवक जाल केसिंग मिट्‌टी में फैल जाता है। केसिंग मिट्‌टी में जब सम्पूर्ण रूप से कवक जाल (Mycelium) फैल जाता है उस समय कमरे में स्वच्छ हवा को आने देना चाए जिससे कार्बन डाईआक्साइड की सांद्रता कम हो जाये, अन्यथा मशरूम उत्पादन में इसका प्रभाव पड़ता है।

iii) **पिनिंग एवं क्रापिंग (Pining and cropping)**– जब सम्पूर्ण रूप से कवक जाल केसिंग मिट्‌टी में फैल जाता है तब कमरे के अंदर स्वच्छ हवा को आने देना चाहिए। कमरे का तापमान इस समय 14 डिग्री सेल्सियस तक नियंत्रित करना चाहिए। इसी तापमान पर ट्रे में या बैग में यदि पिन हेड (Pin head) निकल रहे हों तो उस समय कार्बन डाइआक्साइड (CO_2) की बहुम कम प्रतिशत एवं आक्सीजन की अधिक प्रतिशत की आवश्यकता होती है। ऐसी परिस्थिति नियंत्रित करने के लिए स्वच्छ हवा को कमरे के अंदर आने देना चाहिए एवं प्रदूषित हवा को कमरे के बार निकलने देना चाहिए। कमरे की आपेक्षित आर्द्रता 80–85 प्रतिशत होना चाहिए, इससे पिन हेड जल्दी निकलता है। प्रतिदिन पानी का छिड़काव स्प्रे पंप से करते रहना चाहिए। पानी की आवश्यकता फसल निकालते समय अधिक रहती है अन्यथा केसिंग परत की ऊपरी सतह जल्दी सूखने लगती है। इसे हमेशा आर्द्रता 80–85% बनाए रखना चाहिए।

iv) **फसल तोड़ना (Harvesting)**– जब मशरूम का आकार 3–4 से.मी. हो जाए तभी इसको तोड़ लेना चाहिए। इस बात का ध्यान रखना चाहिए कि टोपी (Cap) खुलने न पाए। इसे एक स्वच्छ पेटी में अथवा ट्रे में एकत्रित कर लेना चाहिए तथा साफ स्टील के चाकू से जड़ वाला भाग (Root part) काट कर अलग कर देना चाहिए। मशरूम को हल्के

हाथ से पकड़कर घुमाकर तोड़ लेना चाहिए तथा उस स्थान पर जहां से मशरूम तोड़ा गया है वहा पुनः केसिंग मिट्टी चढा देना चाहिए एवं नीचे का भाग टूट जाय (ट्रे या बैग में रह जाए) तो उसमें छोड़ना नहीं चाहिए चाकू की सहायता से अलग कर देना चाहिए। अन्यथा उसके सड़ने से हरी फफूंदी (Green mould) आने की संभावना बढ़ जाती है।

2. **आयस्टर मशरूम (Oyster Mushroom)**– प्लूरोटस स्पीसीज की बहुत सी प्रजातियों को अलग–अलग तापमान, आर्द्रता, प्रकाश, हवा के बदलाव (Gaseous exchange) की आवश्यकता, अलग–अलग फसल की अवस्था (Different growth stage) पर पड़ती है। यदि यह अवस्था न मिले तो फसल के उत्पादन पर विपरीत प्रभाव पड़ता है।

   i) **तापक्रम (Temperature)**– प्लूरोटस स्पीसीज के लिए सबसे अच्छा तापक्रम 20–30 डिग्री सेल्सियस होता है। इसी तापक्रम पर मशरूम का कवक जाल अच्छा फैलता है। प्लूरोटस की बहुत सी स्पीसीज को फलनकाय अवस्था में आने के लिए अलग–अलग तापमान की आवश्यकता रहती है। कुछ स्पीसीज का 20 डिग्री सेल्सियस से 30 डिग्री सेल्सियस तापमान की आवश्यकता होती है। इसी तापक्रम पर अच्छा उत्पादन होता है जिसे थर्मोटालरेंट (Thermotolerant) कहते है। जैसे– *प्लुरोटस फ्लेबीलेटस* (*P. flabellatus*), *प्लुरोटस सजोरकाजू* (*P. sajor caju*), *लुरोटस सैपीडस* (*P. sapidus*) आदि। कुछ स्पीसीज को कम तापक्रम की आवश्यकता रहती है जैसे– *प्लुरोटस फ्लोरिडा* (*P. florida*), *प्लुरोटस आस्ट्रेटस* (*P. ostreatus*) आदि इसके लिये 12 डिग्री सेल्सियस से 15 डिग्री सेल्सियस तापम्रम की आवश्यकता रहती है। इसी तापक्रम पर अच्छा उत्पादन होता है। तापक्रम का प्रभाव मशरूम के केप के रंग पर भी पडता है। कम तापक्रम में *प्लुरोटस सजोर काजू* (*P. sajor caju*) का रंग सफेद हो जाता है (15.18 डिग्री सेल्सियस के आस–पास) एवं अधिक तापक्रम (25–30 डिग्री सेल्सियस के आस–पास) में हल्का भूरा रहता है।

   ii) **आर्द्रता (Relative humidity)**– मशरूम की जातियों के लिए अधिक आर्द्रता (80-85%) की आवश्यकता रहती है। यह आर्द्रता वातावरण पर निर्भर रहती है। यदि वातावरण में अपेक्षित आर्द्रता कम है अर्थात गर्म एवं सूखे वातावरण में कम आर्द्रता रहती है। जबकि वर्षाकाल (मानसून)

में आर्द्रता अधिक रहती है। उत्पादन कक्ष (Production room) में पानी का छिड़काव करके आर्द्रता 80–85 प्रतिशत नियंत्रित करना चाहिए। इसका नियंत्रण 3–4 बार पानी का छिड़काव करने से हो जाता है अथवा आर्द्रता नियंत्रक (Humidifire) का उपयोग करके अर्द्रता नियंत्रित की जा सकती है। बरसात के मौसम में आपेक्षित आर्द्रता 80–85 प्रतिशत बाहर रहती है। इस समय उत्पादन कक्ष में 1–2 बार पानी का छिड़काव करने से आर्द्रता नियंत्रित रहती है। यदि आवश्यक आर्द्रता कम है तो फलनकाय (Cap) छोटी रह जाती है, एवं पिन हेड के सूखने की संभावना बढ जाती है।

iii) **आक्सीजन एवं कार्बन डाइआक्साइड (Oxygen and carbon dioxide)**– स्पॉन रन के समय आयस्टर (Oyster) मशरूम के लिए अधिक कार्बन डाइआक्साइड (लगभग 19 से 20 प्रतिशत) की आवश्यकता रहती है,। इस प्रतिशत पर ही कवकजाल अच्छा फैलता है। इसे नियंत्रित करने के लिए बैग उत्पादन कक्ष में सटाकर रखना चाहिए और कमरे को बंद रखना चाहिए। जब कवकजाल अच्छे से फैल जाता है और फलनकाय (Fruiting body stage) अवस्था में आता है, उस समय बहुत कम प्रतिशत लगभग 6 प्रतिशत कार्बन डाईआक्साईड की आवश्यकता रहती है। कार्बन डाइआक्साइड की सांद्रता को कम करने के लिए उत्पादन कक्ष में स्वच्छ हवा को आने एवं प्रदूषित हवा को बाहर निकालने का प्रबंध करना चाहिए। यानी एक तरफ हवा जाए और दूसरी तरफ से निकल जाए (Cross ventilation) करने से यह नियंत्रण हो जाता है। यदि कार्बन डाइआक्साइड का प्रतिशत अधिक है तो तना लंबा एवं कार्पोफोर (Corpophore) विकृत हो जाता है। इस लिए फलनकाय अवस्था (Fruiting body stage) में स्वच्छ हवा आने का एवं प्रदूषित हवा का निकालने का प्रबंध होना चाहिए। अन्यथा फसल पर विपरीत प्रभाव पड़ता है।

iv) **प्रकाश (Light)**– आयस्टर मशरूम (Oyster mushroom) के लिए प्रकाश की आवश्यकता नहीं होती है जैसे कि हरे पौधों को होती है। इसके लिए मध्यम प्रकाश (Diffused light) की आवश्यकता 1 से 2 घंटे के लिए पड़ती है। मध्यम प्रकाश (Diffused light) का मतलब यह है कि दरवाजा–खिड़की बंद करने के बाद जो प्रकाश आता है, पूर्ण रूप से

अंधेरा न रहे। यदि ऐसा न रहा तो फलनकाय (Fruiting body stage) की टोपी (Cap) छोटी रह जाती है तथा तना (Stipe) लंबा हो जाता है एवं मशरूम के रंग पर भी उसका प्रभाव पड़ता है।

v) **पी.एच. (pH)**– इससे यह तात्पर्य है कि पानी न तो अधिक क्षारीय हो न ही अधिक अम्लीय हो। यह 6.5 से 7.5 पी.एच. के बीच का होना चाहिए। जंग लगे हुए ड्रम अथवा बाल्टी का उपयोग, भूसा उपचार एवं पानी के छिड़काव के लिए नहीं करना चाहिए। अन्यथा मशरूम कम मात्रा में और देर से निकलता है। पी.एच. परीक्षण करने के लिए पी.एच. सूचक पेपर (pH indicator paper) द्वारा अथवा पी.एच. मीटर द्वारा किया जा सकता है।

3. **मशरूम उत्पादन के दौरान आवश्यक सावधानियां**– मशरूम उत्पादन के समय अनेक प्रकार की बीमारियों, कीटों एवं प्रतिस्पर्धी कवको आदि का आक्रमण हो जाता है जिसके परिणाम स्वरूप फसल का उत्पादन बहुत कम हो जाता है। कभी–कभी फसल निकलती ही नही है। इसलिए मशरूम का उत्पादन करने वाले व्यवसायी या तो मशरूम का उत्पादन करना छोड़ देते है या उनके उत्साह में कमी आ जाती है। ऐसी परिस्थिति उत्पन्न न हो इसलिए मशरूम उत्पादन करते समय क्या–क्या सावधानियां अपनाएं कि बीमारी (Disease) कीड़े (Insect) और प्रतिस्पर्धी कवक (Competitive fungus) का आक्रमाण कम से कम हो सके यह जानकारी सभी मशरूम उत्पादकों को होना जरूरी है। यदि पहले से ही बताई गई सावधानियां या उपाय पर ध्यान न दिया गया, तो यदि फसल उत्पादित हो रही हो उस परिस्थिति में फसल को लगाने वाली बीमारियों का नियंत्रण (Control) करना एक समस्या बन जाती है। मशरूम की फसल में किसी भी प्रकार का कीटनाशक (Insecticide), फफूंदनाशक (Fungicide) एवं जीवाणु नाशक (Bactericide) का छिड़काव मानव शरीर के लिए हानिकारक सिद्ध होता है, क्योंकि किसी भी दवा का छिड़काव या उपयोग करने से उसका एक निश्चित अवधि तक इंतजार करना पड़ता है, इसके उपरांत ही फसल का उपयोग कर सकते है। मशरूम एक ऐसी फसल है जो दवाई का अवशोषण तुरंत कर लेती है। किसी भी दवा की प्रतिक्षा अवधि (Waiting period) कम से कम 15 दिन की होती है। इसके बाद ही खाने के लिए उपयोग करना चाहिए। चूंकि मशरूम की बढ़वार शीघ्रता से होती है इसलिए तोड़ने के लिए

इसका इंतजार नहीं करना पड़ता यदि देरी से तोड़ा गया तो फसल खराब हो जाती है।

i) **स्पॉन (Spwan)**– मशरूम के बीज को ही तकनीकी भाषा में स्पॉन कहा जाता है। किसी भी फसल की खेती करने में बीज का महत्व अधिक रहता है, यदि बीज स्वस्थ (Healthy) है तो हमारी उत्पादित फसल भी बहुत अच्छी होगी, यदि बीज खराब (घटिया किस्म) है तो उत्पादित फसल भी कम होगी। मशरूम का बीज जब बनाया जाता है तो यह कई चरणों से गुजरने के पश्चात ही बन पाता है। बीज प्रयोगशाला में ही बनाया जा सकता है, जिसके लिए तकनीकी जानकारी होना आवश्यक हे मशरूम का बीज उस स्थान से ले लेना चाहिए जो विश्वसनीय हो, यह स्थान सरकारी या प्राइवेट हो सकते हैं। मशरूम का बीज कैसा होना चाहिए इसकी क्या पहचान है इसका विवरण निम्न है–

(अ) स्पॉन (Spwan) का प्रयोग ताजा ही करना चाहिए जब खेती प्रारंभ करें उस समय 15–20 दिन पहले स्पॉन (Spwan) बनवा लेना चाहिए।

(ब) आयस्टर (ढिगरी) मशरूम का स्वस्थ स्पॉन सफेद महीन रेशेदार (दूध जैसा सफेद) दिखना है।

(स) अस्वस्थ स्पॉन में अन्य प्रकार की कवक, जीवाणु का आक्रमण हो जाता है जिसके, कारण वह काला, पीला, भूरा, हरा दिखता है ऐसे स्पॉन का उपयोग नहीं करना चाहिए।

(द) उत्पादित स्पॉन किस पीढ़ी (Generation) का है उसका भी ध्यान रखना चाहिए। स्पॉन खरीदते समय यह जानकारी आवश्यक है। सामान्यतः 3 पीढ़ी (Generation) के ऊपर का स्पॉन उपयोग नहीं करना चाहिए।

(इ) स्पॉन लेने के पश्चात उपयोग जल्दी कर लेना चाहिए। यदि किसी विशेष परिस्थिति में रखना पड़े तो 15–20 दिन तक फ्रिज में रखा जा सकता है।

(ई) स्पॉन का परिवहन अधिक तापक्रम पर नहीं करना चाहिए। 30 डिग्री सेल्सियस से कम तापक्रम उपयुक्त और धूप भी उसके लिए

नुकसान दायक रहती है। अतः स्पॉन को ले जाने के लिए रात या सुबह का समय अच्छा रहता है। अधिक तापमान पर बीज खराब हो जाता है। जिसका प्रभाव फसल पर पड़ता है।

(फ) उत्पादक को स्पॉन निकट के स्थान से लेना चाहिए।

ii) **उत्पादन कक्ष (Growing room)**– उत्पादन कक्ष का चुनाव ऐसा करना चाहिए जिसमें हवा का आवागमन अच्छा (Good ventilation) हो 2 से 3 फिट की उचाई पर खिड़कियां होना चाहिए, इसकी व्यवस्था ऐसी करना चाहिए कि एक तरफ से स्वच्छ हवा आए और दूसरी तरफ से प्रदूषित हवा बाहर निकल जाए (Cross ventilation), यदि इस तरह (Cross ventilation) की व्यवस्था न हो तो कमरे में हवा प्रवेश पंखा (Inlet fan) एवं दूसरी तरफ हवा निकासी पंखा (Exhaust fan) लगाकर भी यह व्यवस्था की जा सकती है। उत्पादन कक्ष (Growing room) में सूर्य की रोशनी अंदर नहीं पड़ना चाहिए। उत्पादन कक्ष के चारों ओर सफाई रहना चाहिए। कचड़े एवं कूड़े के ढेर नहीं हो इसका विशेष ध्यान रखना चाहिए। ऐसी व्यवस्था करनी चाहिए कि उत्पादन कक्ष का तापमान 30 डिग्री सेल्सियस से ऊपर न हो। यह इस बात पर निर्भर करना है कि आप मशरूम की कौन सी प्रजाति की खेती कर रहें है। उत्पादन के लिये स्वच्छ पानी का उचित प्रबंध होना चाहिए। प्रदूषित पानी का इस्तेमाल उत्पादन के लिए नहीं करना चाहिए। इसके अलावा अन्य दिर्नेश दिए जा रहे हैं, जो निम्न हैं–

(अ) उत्पादन कक्ष की अच्छी तरह से सफाई करने के पश्चात पानी से फर्श को धोकर साफ सुथरा कर लेना चाहिए।

(ब) साफ करने के पश्चात मशरूम की खेती करने के 3 दिन पहले कमरे की खिड़की दरवाजों को अच्छी तरह से चारों ओर से बंद कर देना चाहिए। फिर पोटेशियम परमैगनेट एवं फार्मल्डीहाइड से धूम्रण (Fumigation) कर लेना चाहिए।

(द) कमरे का धूम्रण (Fumigation) करने के पश्चात बार–बार अंदर–बाहर नहीं आना चाहिए एवं प्रदूषित कपड़ा जूते निषेध करना चाहिए, क्योंकि इसके द्वारा बीमारी फैलाने वाले रोगाणु एवं कीटाणु उत्पादन कक्ष में प्रवेश कर जाते हैं, जिससे फसल खराब हो सकती है।

(ई) जिस कमरे में बोआई (Spawning) अर्थात भूसे में स्पॉन मिलाया जाता है उस कमरे को अच्छी तरह से सफाई के पश्चात 48 घंटे पहले धूम्रण कर लेना चाहिए, तत्पश्चात बोआई (Spawning) करना चाहिए।

(क) बोआइ (Spawning) का कार्य कमरे के अंदर ही करना चाहिए खुले स्थान में न करें क्योंकि अनेक प्रकार के रोग फैलाने वाले कीट एवं रोगाणू हवा के माध्यम से स्पॉन और पोषाधार (Substrate) में आ सकते है।

(ख) मशरूम उत्पादन के लिए सबस्ट्रेट जैसे गेंहू, सोयाबीन का भूसा, धान का पुआल, ज्वार, मक्का, बाजरा आदि के डंठल का उपयोग किया जाता है। यह पोषाधार (Substrate) स्वच्छ ताजा हो एक साल से अधिक पुराना उपयोग नहीं करना चाहिए और नही उसमें बरसात का पानी लगा हुआ हो। बरसात का पानी लगने पर भूसे में विभिन्न प्रकार की बीमारियां आ जाती है, जिससे भूसा लाल, पीला, हरा आदि रंग का दिखने लगता है।

(ग) आयस्टर मशरूम के बैग भरने के पश्चात नीचे से 2–3 छिद्र करना आवश्यक है जिससे अतिरिक्त पानी बाहर निकल जाए। अन्यथा बैक्टीरिया संक्रमण (Bacterial contamination) की संभावना बढ़ जाती है।

(घ) यदि उत्पादन कक्ष के चारों ओर मक्खियां उड़ती नजर आएं तो उस परिस्थिति में कीटनाशक दवा (Insecticide) का छिड़काव कर देना चाहिए।

(ड़) उत्पादन कक्ष में कार्य करने के लिए जब जाएं तो प्रदूषित कपड़ा, पानी, जूते का उपयोग नहीं करना चाहिए, और अन्य उपयोग होने वाली सामग्री आदि सभी को स्वच्छ रखना चाहिए।

(च) पूर्ण रूप से फसल ले लेने के पश्चात दूसरी फसल जब लगाना हो तो उसके लिए पुराने बैग बाहर निकालने के पश्चात सफाई कर फ्यूमीगेशन कर लेना चाहिए इसके बाद ही दूसरी फसल लगाएं।

(छ) यदि उत्पादन कमरा घास का बनाया जाय तो घास के टट्टे के अंदर, बाहर फर्श में फार्मल्डीहाइड 2 प्रतिशत एवं कार्बेन्डाजिम का 0.05 प्रतिशत घोल बनाकर छिड़काव करना चाहिए।

(ज) कभी–कभी चूहे का प्रकोप हो जाता है, जिसके परिणाम स्वरूप चूहे बैग की पालीथिन को काटकर स्पॉन को खा जाते हैं। इसके बचाव के लिए चूहेदानी का उपयोग करें एवं जहां से चूहे आ रहे हैं, उसके बिल (छिद्र) को बंद कर देना चाहिए, एवं समय–समय पर निरीक्षण करना चाहिए। चूहे मार दवा का उपयोग नहीं करना चाहिए, अन्यथा इसका प्रभाव मशरूम में पड़ सकता है। उपर्युक्त निर्देशो का पालन कड़ाई से करना चाहिए, अन्यथा फसल खराब या असफल होने की संभावना बढ़ जाती है।

अध्याय 13

बीमारियाँ, कीट एवं उनकी रोकथाम (Diseases, Insects and Their Control)

जिस प्रकार से विभिन्न फसलों, पेड़ो एवं फलदार पौधों में अनेक प्रकार की बिमारियों एवं कीट का आक्रमण होता है उसी प्रकार से मशरूम में भी अनेक प्रकार की बिमारियों एवं कीड़ो का प्रकोप हेाता है। जिसके कारण उत्पादन में भारी कमी आती है और उत्पादित फसल की गुणवत्ता, बाजार मूल्य आदि पर विपरीत प्रभाव पड़ता है, कभी–कभी उत्पादन में भारी कमी आती है या फसल निकलती ही नही है। मशरूम में कीड़ो, मकोड़ो एवं बिमारियों का प्रकोप न हो अथवा बहुत कम हो इसलिए पहले से ही जो सावधानी या निर्देश दिए जाय उसका काड़ाई से पालन करना चाहिए।

1. मशरूम में बिमारियों के प्रबंध के लिए आवश्यक सामान्य निर्देश

i) **सफाई एवं स्वच्छता (Sanitation and hygiene)**– मशरूम उत्पादन में सफाई का विशेष महत्व है, इससे अनेक प्रकार की बीमारियों एवं कीटो के आक्रमण को कम किया जा सकता है, मशरूम उत्पादन की सभी अवस्था जैसे कम्पोस्टिंग, स्पॉनिंग, पिन हेड आदि के समय लागू किया जाना आवश्यक है। सामानयतः बीमारी फैलाने वाले रोगाणु एवं कीटाणु का प्रवेश मशरूम घर में हवाए कीटों, आदमी एवं औजार आदि के द्वारा होता है।

ii) जिस स्थान पर मशरूम का उत्पादन किया जा रहा हो उस स्थान पर रसायनिक उद्योग जो हवा एवं पानी को प्रदूषित करता हो उस जगह का उपयोग कदापि नही करना चाहिए इससे विषैली गैसे निकलती है जो मशरूम उत्पादन को प्रभावित करती है।

iii) जहॉ पर कम्पोस्ट बनाया जाये (बटन मशरूम के लिए) वह फर्श सीमेन्टेड या ईंट का होना चाहिए, एवं चारो और से खुला होना चाहिये। उपर धूप से बचाव के लिए छत होना चाहिए।

iv) मशरूम के उत्पादन के लिए जो भी पोषाधार (Sustrate) जैसे भूसा का उपयोग किया जाय वह ताजा स्वच्छ, साफ सुथरा एवं बरसात का पानी लगा हुआ नहीं होना चाहिए।

v) कम्पोस्ट बनाते समय जो औजार उपयोग में लाए वह साफ सुथरे हो, एवं जो कार्य करने वाले व्यक्ति है उनके जूते, कपड़े साफ सुथरा होना चाहिए अथवा कम्पोस्टिंग, स्पॉनिंग उत्पादन के समय कार्य करने के लिए अलग से कपड़े बनवा कर रखना चाहिए और जब यह कार्य किया जाय तभी इन कपड़ों का उपयोग किया जाय।

vi) मशरूम उत्पादन के लिए जो बीज (Spawn) उपयोग किया जाय वह किसी भी प्रकार से प्रदूषित न हो अर्थात उसमें दूसरे प्रकार की फफूंद का प्रकोप न हो।

vii) कमरे में स्पॉनिंग भूसे या कम्पोस्ट में करें उस स्थान पर 2 प्रतिशत फार्मेलिन एवं 0.05 प्रतिशत कार्बेन्डाजिम का घोल बनाकर दीवाल एवं फर्श में छिड़काव करें। जो औजार उपयोग करें उसे भी अच्छी तरह से पोटेशियम परमैग्नेट का घोल बनाकर धो लेना चाहिए।

viii) जिन दरवाजे एवं खिड़कियों से स्वच्छ हवा का प्रवेश दिया जाय उस खिड़कियों में जाली (Net) लगाना आवश्यक है जिससे की कीड़ों का प्रवेश न हो सके।

ix) बटन मशरूम के लिए जिस केसिंग मिट्टी का उपयोग किया जाये उसे छः घंटे तक 50–60 डिग्री सेन्टीग्रड तापमान पर जीवाणु रहित करना आवश्यक है एवं आयस्टर मशरूम के लिए भूसों का उपचार करने की जो विधि बताई गयी है उसका पालन करना आवश्यक है।

x) बटन मशरूम के लिए जहां पर केसिंग मिट्टी बनाई जाय वह स्थान एव औजार साफ सुथरा होना आवश्यक है।

xi) मशरूम तोड़ने वाले (Pickers) इस बात का ध्यान रखे कि उनका हाथ साफ हो एवं पहले नए मशरूम तोड़े फिर पुराने मशरूम तोड़े।

xii) मशरूम को इस प्रकार से तोड़े की उसका तने वाला भाग टूटे नही, एवं मशरूम को फर्श में भी नही गिराना चाहिए अन्यथा फर्श पर सडकर बीमारियां फैलेंगी।

xiii) जीवाणुक रोग से बचाव के लिए छिड़काव करनें वाले पानी में ब्लीचिंग पाउडर मिलाना चाहिए।

xiv) यदि (Button or Oyster) मशरूम के बैग खराब हो गए हों तो उसे बाहर दूर गड्डे में फेंक देना चाएि। यदि पैंचेस के रूप में इन्फेक्सन हो वहां पर 2 प्रतिशत फार्मेलिन का घोल बनाकर उपचारित करना चाहिए।

xv) फसल का उत्पादन हो जाने के पश्चात कमरे के अन्दर के बैग हटाकर अच्छी तरह से धोना चाहिए तत्पश्चात फ्यूमिगेशन करके कमरे को जीवाणु रहित कर लेना चाहिए। इसके पश्चात दूसरी फसल (Crop) लगाना चाहिए।

2. फफूँद नाशक का उपयोग (Use of fungicide)

रसायनिक दवाओं का उपयोग जब आवश्यक हो उसी समय करना चाहिए क्योंकि मशरूम इन दवाओं के प्रति बहुत संवेदनशील होता है एवं तुरन्त दवाओं का अवशोषित कर लेता है, इसलिए फफूंदनाशक दवाओं का उपयोग सीमित करना चाहिए।

i) **बिनोमाइल** (बेनलेट 50 WP)– इसका उपयोग डेक्टीलियम, माइक्रोगान (Mycogone), ट्राइकोडरमा, वर्टीशिलियम (Verticillum) के नियंत्रण के लिए केसिंग मिट्टी में 240 ग्राम प्रति 100 वर्ग मीटर उपयोग करना चाहिए, एवं पानी का छिड़काव जब पहली बार करें उस समय 240 ग्राम प्रति 200 लीटर पानी में घोल कर छिड़काव करना चाहिए।

ii) **कार्बेन्डजिम (Carbedazim)**– इसका उपयोग बेनोमाईल की ही तरह करना चाहिए।

iii) **क्लोरोथायोनिल (Chlorothaionil)**– इसका उपयोग माइको एवं बर्टी सीलियम (Mycogon and verticillium) के नियंत्रण के लिए उपयोग करते हैं। एक सप्ताह पहले केसिंग मिट्टी में 200 मि.ली. 100, 200 लीटर पानी में प्रति 100 वर्ग मीटर मिट्टी में करना चाहिए।

iv) **थायोबेन्डाजोल (Thiabendazole)**– इसका उपयोग बेनोमाइल जैसे करना चाहिए।

v) **जीनब (Zineb)**– इसका उपयोग वर्टीसिलियम (Verticellium), माईकोगॉन (Mycogon), जियोट्राईकम (Geotricum) के नियंत्रण के लिए करते हैं। इसे

केसिंग मिट्टी में एक सप्ताह पहले 7 प्रतिशत धूल (Dust) को 350 ग्राम / 100 वर्ग मीटर में करना चाहिए।

उपर्युक्त निर्देशो का पालन करते हुए मशरूम उप्तादन के समय मुख्य रूप से जो बीमारी लगती है उसके पहचान रोकथाम के उपाय दिए जा रहे हैं जो निम्नानुसार है।

3. प्रतिस्पर्धी कवक (Competitive fungi)

मशरूम उत्पादन के समय जब कम्पोस्ट (Compost) बनाया जाता है उस समय एवं स्पानिंग करने के पश्चात बैग में बहुत से प्रतिस्पर्धी कवक का आक्रमण हो जाता है, जिससे कम्पोस्ट की गुणवत्ता एवं बैग खराब हो जाते हैं। जिससे उत्पादन प्रभावित होता है। मुख्य रूप से जो प्रतिस्पर्धी कवक आक्रमण करते हैं उनकी पहचान और रोकथाम के लक्षण दिये जा रहें जो निम्नानुसर है–

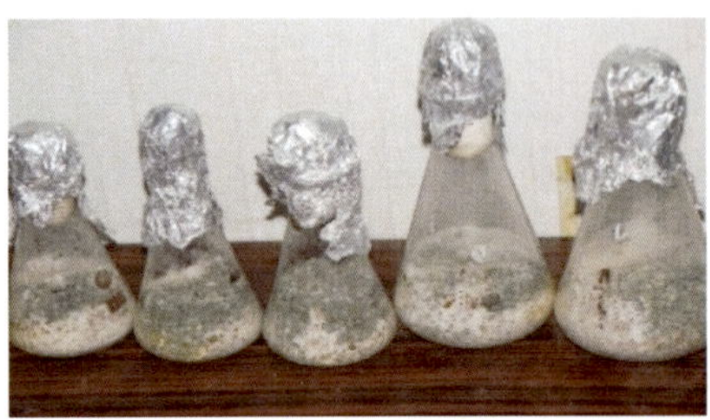

i) **हरी फंफूद (Green mould)**– कारण (Causal organism) – *ट्राईकोडर्मा* स्पीसीज (*Trichodema* spp.) पहचान (Symptom) – मशरूम के शय्या पर, खाद (compost) एवं केसिंग मिश्रण में प्रांरम्भ में हरे रंग के छोटे–छोटे धब्बे नजर आते हैं, बाद में यह बहुत तेजी से फैल कर शय्या को चारो ओर से ढक लेते हैं, जिसके कारण शय्या हरे रंग का दिखता है।

निदान (Control)

(अ) साफाई का विशेष ध्यान रखना चाहिए।

(ब) मशरूम तोड़ने के पश्चात बचे हुए टुकड़ो को बैग में नही छोडना चाहिए।

(स) स्ट्रा (Straw) एवं खाद का पाश्चुराइजेशन अच्छी तरह से करें।

ii) **कोप्राइनस मशरूम (Inky cap)– कारण (Causal organism)**– *कोप्राइनस स्पीसीज* (*Coprinus* sp.)

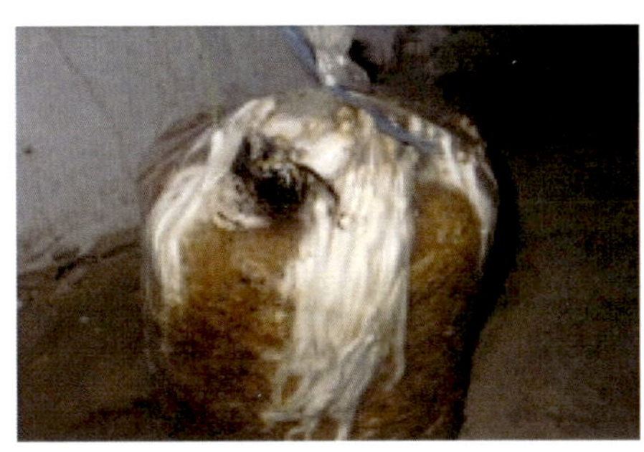

(Symptom)– यह बैग में मशरूम के स्थान पर लंबे डंडे वाली टोपी के रूप में निकलती है, कुछ समय के पश्चात इसकी टोपी गल जाती है और काले रंग में परिवर्तित हो जाती है। यह कवक मशरूम की कवक को फैलने से रोकती है।

निदान (Control)

(अ) इसे टोपी (Cap) खुलने के पहले उखाड़कर बाहर गड्ढों में दबा देना चाहिए।

(ब) कम्पोस्ट के लिए जब खाद बनाए उस समय अमोनिया की गंध बिलकुल नहीं होना चाहिए।

iii) भूरा परत **(Brown plaster)**– कारण (Casual organism)– *पापूलोस्पोरा बाइसिना* (*Populospora byssina*)

पहचान (Symptom) बैग में या ट्रे की केसिंग मिश्रण में सतह पर सफेद गोल घेरे के रूप में नजर आता है जो बाद में भूरे रंग का हो जाता है इस स्थान पर मशरूम निकलता ही नही है यदि निकलता है तो यह बहुत कम।

निदान (Control)

यह दूषित हवा, पानी, अपर्याप्त हवा और अधिक तापमान के कारण फैलता है–

(अ) सफाई का विषेश ध्यान रखें।

(ब) रोग ग्रसित भाग को हटाकर उस स्थान पर 2 प्रतिशत फार्मेलिंन का छिड़काव करें

(स) 0.05 प्रतिशत कार्बेन्डाजिम का छिड़काव करें।

iv) सफेद परत **(White plaster)**

कारण – **(Casual organism)** *स्कोपुलेरिआप्सिस फिमीकोला (Scoplariopsis fimicola).*

पहचान (Symptom)– यह आटे जैसे फंफूद की परत नजर आती है जो बाद में सफेद ही बनी रहती है । इस फंफूद के आक्रमण होने से मशरूम का कवक जाल नही फैलना है और उत्पादन पर विपरीत प्रभाव पड़ता है।

v) **जैतुनी रंग की फंफूद (Olive green mould)** –

कारण– कीटोमियम स्पीसीज प्रारंम्भ में सफेद छोटे (Small) दाने जैसे नजर आता है बाद में यह जैतूनी हरा रंग का हो जाता है।

निदान (Control)– रोग ग्रसित भाग पर कार्बेन्डाजिम का 0.05 प्रतिशत अथवा डाइथेन एम–45 का 0.2 प्रतिशत का घोल बनाकर छिड़काव करना चाहिये।

4 परजीवी कवक (Parasitic fungi)

i) डाई बबल

कारण– *वर्टीशिलियम फंगीकोला (Verticellium fungicola)*

पहचान– छोटे–छोटे भूरे रंग के धब्बे टोपी पर नजर आते है, बाद में धब्बे बड़े आकार के हो जाते हैं तथा बीच से फटने लगते हैं।

निदान (Control)

(अ) सफाई का विशेष ध्यान रखना चाहिए।

(ब) कार्बेन्डाजिम का 0.05 प्रतिशत अथवा डाईथेन एम. 45 (0.2 प्रतिशत) घोल का छिड़काव करना चाहिए।

ii) **बेट बबल**– मशरूम का आकार सही नही रहता है, तना फूला हुआ लगता है तथा ऊत्तक सड़े हुए नजर आते हैं और भूरे रंग का द्रव निकलता है।

निदान– (Control)

(अ) सफाई का ध्यान रखें।

(ब) डाइथेन एम–45 का 0.2 प्रतिशत घोल छिड़काव करें।

5. बैक्टीरियल बीमारी (Bacterial disease)

i) बैक्टीरियल रॉट (Bacterial rot) – कारण (Casual organism) -*Pesudomonas* spp.

पहचान – मशरूम की फलनकाय (Fruiting body) सड़ने लगती है और टोपी के नीचे का भाग गिल (Gills) पीला हो जाता है और (Cap) कैप फट जाती है।

निदान– Control

यह Disease Control करने के लिए स्ट्रेप्टोसाइक्लिन (Spreptocyclin) का घोल बनाकर छिड़काव करना चाहिए।

ii) **बैक्टीरियल ब्लाच (Bacterial blotch)**

कारण– *सूडोमोनास टोलेसाई*

पहचान– मशरूम का पिन हेड जब निकलता है, वह भूरे रंग का हो जाता है, एवं बढवार रूक जाती है। मशरूम की टोपी में भूरे छोटे–छोटे धब्बे बन जाते है और मशरूम चिपचिपी हो जाती है।

निदान– (Control)

(अ) बैग में अधिक नमी होना चाहिए।

(ब) रोगग्रस्त मशरूम को निकाल कर उसमें ब्लीचिंग पाउडर का 0.05 प्रतिशत घोल बनाकर छिड़काव करना चाहिए।

6. विषाणु रोग (Virus disease)

विषाणु का आकार कई प्रकार का होता है जैसे गोलाकार वैसिली फार्म एवं क्लब के आकार के होते हैं।

निदान– वाईरस का फैलाव प्रभावित बीजाणु एंव कवक जाल से फैलता है इसलिए सफाई का विशेष ध्यान रखना चाहिए। स्वच्छ बीज का उपयोग करना चाहिए। यदि मक्खियों का प्रकोप हो तो कीटनाशक दवा का छिड़काव करना चाहिए।

7. मशरूम के कीड़े (Insect of mushroom)

मशरूम में मुख्य रूप से तीन प्रकार के कीड़ों की जातियां आक्रमण करती है, मक्खी की प्रोढ़ अवस्था नुकसानदायक नही रहती है उसकी लार्वा अवस्था ही नुकसान करती है। इसमें मुख्य है–

i) **मक्खियाँ (Flies)**

(अ) फोरिड मक्खी

(ब) सेसिड मक्खी

(स) शियारिड मक्खी

पहचान– यह भूरे रंग की छोटी–छोटी मक्खियां होती है जो बैग में और मशरूम घर के अन्दर उड़ती हुई आती है यह बैग के अंदर घुसकर और मशरूम के नीचे साइड में अंडे देती है अंडो से लार्वा (Maggot) निकलता है जो मशरूम के कवक जाल को भोजन के रूप में उपयोग करते है एवं मशरूम में तने एंव गिल्स में लम्बी सुरंग बनाकर मशरूम को खाती है। जिससे मशरूम की गुणवत्ता खराब हो जाती है और बैग में (Spawn run) नही हो पाता है।

निदान (Control) –

(अ) कीट ग्रसित मशरूम को तोड़कर गड्ढो में दबा देना चाहिए।

(ब) इमिडाक्रोपिड (17.8 एस.एल.) का 0.5 मि.ली./लीटर की दर से दवा का छिड़काव करना चाहिए एवं बैग भरते समय इसी दवा से भूसे को उपचारित करना चाहिए।

ii) **माइटस (Mites)**

पहचान– यह बहुत छोटे आकार की मकड़ी हैं जो मशरूम के बैग में एवं मशरूम पर आक्रमाण करते हैं एवं बैग में घुसकर मशरूम के कवक जाल को खा जाते है जिससे कवक जाल फैलता नही है और मशरूम के थेले खराब हो जाते है। मशरूम के कैप पर आक्रमण करते हैं उसमें छोटे–छोटे छिद्र बना लेते है जिसमें मशरूम की गुणवत्ता में कमी आ जाती है।

निदान (Control)

(अ) प्रभावित मशरूम को तोड़कर उत्पादन कक्ष से दूर नष्ट करना चाहिए।

(ब) मैलाथियान का 0.4 प्रतिशत घोल बनाकर छिड़काव करना चाहिए।

(स) सफाई का विशेष ध्यान रखना चाहिए।

8. मशरूम के अजैविक रोग (Abiotic diseases)

i) **पिनहेड अवस्था–** पिन हेड निकलने के बाद पीले होकर मर जाते हैं।

निदान (Control)– शय्या (Bed) या मशरूम पर पानी रूकना नहीं चाहिए।

ii) **लम्बे तने का होना–** उत्पादन कक्ष के अंदर यदि कार्बन डाइआक्साइड (CO_2) की मात्रा अधिक हो जाये तब मशरूम के तने लम्बे हो जाते है।

निदान (Control)– उत्पादन कक्ष में शुद्ध हवा का आना जाना (Cross ventilation) होना आवश्यक है।

नोट (Note)– जिस समय मशरूम निकल रही हों और वह तोड़कर खाने लायक अवस्था में हो उस समय किसी भी कीटनाशक एवं फफूंदनाशक का छिड़काव नहीं करना चाहिए क्योंकि मशरूम इन दवाओं की तुरन्त अवशोषित कर लेता है। सावधानी, रखरखाव एवं सफाई का विशेष ध्यान रखना चाहिए कि दवा के छिड़काव की आवश्यकता ही न पड़े।

अध्याय 14

मशरूम का संरक्षण (Preservation of Mushroom)

मशरूम एक उच्च प्रोटिन युक्त पौष्टिक शाक है। वर्तमान में इसका उत्पादन निरंतर बढ़ता जा रहा है, और आहार में इसकी महत्वपूर्ण भूमिका बनती जा रही है। मशरूम के साथ एक प्रमुख समस्या है कि इसको प्राकृतिक अवस्था में अधिक समय तक नहीं रखा जा सकता। मशरूम को कमरे के तापमान पर 24 घंटे तक रखा जा सकता है, इसके पश्चात यह खराब होने लगता है। इस समस्या का समाधान इसको संरक्षित (Preserve) करके किया जा सकता है। इसके अंतर्गत मशरूम का डिब्बा बन्द (Canning), सुखाना (Drying), अचार (Pickle) एवं अन्य उत्पाद बनाना प्रमुख है।

1. डिब्बा बन्दीकरण (Canning)

ढिंगरी (Oyster), धान पुआल मशरूम (Paddy straw mushroom) और सफेद बटन मशरूम (White button mushroom) को अधिक समय तक रखने के लिये प्रक्रियाकृत किया जा सकता है, परन्तु सफेद खुंभ को डिब्बा बन्दीकरण (Canning) के लिये सबसे उपयुक्त पाया गया है, जिसकी विधि निम्नानुसार है।

i) **मशरूम को तोड़ना (Picking)**– सर्वप्रथम मशरूम को बटन अवस्था में (मशरूम खुलने न पाये) तोड़ लिया जाता है। इसके पश्चात इसमें लगी हुई मिट्टी को चाकू (Knife) की सहायता से काट कर अलग कर लिया जाता है।

ii) **मशरूम को छांटना और ग्रेडिंग करना (Sorting and Grading)**– तोड़ी गई मशरूम की छटाई की जाती है इसमें अच्छी गुणवत्ता वाली मशरूम को अलग कर लिया जाता है और खराब गुणवत्ता वाली मशरूम जैसे बीमारी लगी हुई, टुटी हुई और भूरी मशरूम को अलग कर लिया

जाता है। कसी हुई जो खुली हुई न हो और उसका व्यास लगभग 2.5 से. मी. का हो ऐसी मशरूम का चुनाव किया जाता है।

iii) **मशरूम की धुलाई (Washing)**– छांटी गई मशरूम को ठंडे साफ पानी में धो लिया जाता है जिससे इसके साथ लगी हुई मिट्‌टी, धूल के कण अच्छी तरह से साफ हो जाए। यह ध्यान रखना चाहिये कि धोते समय मशरूम टूटे नहीं।

iv) **ब्लाचिंग (Blanching)**– धोने के पश्चात मशरूम को उबलते हुए पानी में 3–4 मिनट तक डालकर ब्लांचिंग की जाती है इसके पश्चात ठंडे पानी में डाल दिया जाता है ।

v) **डिब्बों में भरना (Canning)**– ब्लांच की गई मशरूम को डिब्बों में भरा जाता है। डिब्बों का आकर सामान्यतः दो साइज के रखे जाते है (1) A–1 साइज जिसमें 400 ग्राम मशरूम आ जाये एवं (2) 1.2 साइज जिसमें 250 ग्राम मशरूम आ जाये।

vi) **ब्राइनिंग (Brining)**– डिब्बा में मशरूम भरने के बाद इसमें गर्म लवण जल (Hot brine solution) भरा जाता है। नमक का घोल (Brine solution) बनाने के लिये इसमें 2 भाग सामान्य नमक 1 भाग शक्कर (Sugar) तथा 0. 05 साइट्रिक अम्ल (Citric acid) डाला जाता है ब्राइनिंग करने से मशरूम की रखने की अवधि (Self-life) बढ़ जाती है।

vii) **निर्वातीकरण (Exhausting)**– ब्राइनिंग करने के पश्चात डिब्बों को निर्वातीकरण (Exhasting) करते हैं जिससे डिब्बे के अंदर उपस्थित वायू तथा अन्य गैस बाहर निकल जाये एवं मशरूम अधिक दिनों तक रखी जा सके। इसके लिये इग्जास्ट बॉक्स (Exhaust Box) में कुछ समय रखा जाता है। खौलते पानी में भी 2–3 मिनट के लिये भी रखने से इसका निर्वातीकरण हो जाता है।

viii) **डिब्बों को बंद कर सील करना (Packing and sealing)**– निर्वातीकरण (Exhasting) के पश्चात डिब्बों को सीलर की सहायता से सील कर दिया जाता है।

ix) **डिब्बों को रोगणुरहित करना (Sterilization)**– सील बंद डिब्बों को आटो क्लेव (Autoclave) में 15 पोण्ड प्रति इंच दबाव पर 20–25 मिनट तक रखकर जीवाणुरहित कर लिया जाता है।

x) **ठंडा करना (Cooling)**– जीवाणु रहित करने के पश्चात डिब्बों को साफ बहते हुए (Tape Water) पानी में ठंडा कर लिया जाता है।

xi) **डिब्बों में लेबल लगाना (Labelling)**– ठंडा करने के बाद डिब्बों को ठंडी जगह पर रख दिया जाता है तथा उसमें बाहरी सतह पर ग्रीस लगा दिया जाता है जिससे बाहरी नमी से इसमें जंग न लगे। 8–10 दिन बाद डिब्बों में लेबल लगाकर विपणन (Marketing) कि लिये प्रस्तुत कर दिया जाता है।

2. मशरूम सुखाना (Drying)

मशरूम की मुख्यतः दो प्रजातियों को सुखाया जाता है। खुम्भ (White buttton mushroom) को नहीं सुखाया जाता है। इसका डिब्बा बंदीकरण किया जाता है। सुखाने के लिये मुख्यतः दो विधियॉ अपनायी जाती है।

1. सीधे सूर्य की रोशनी में
2. कृत्रिम रूप से बनाये गये ड्रायर द्वारा।

i) **सीधे सूर्य की रोशनी में सुखाना (Sun drying)**– मशरूम को तोड़ने के पश्चात इसको अच्छी तरह से साफ पानी में धो लेना चाहिये इसके बाद सूर्य की रोशनी में एक कपड़ा फैलाकर उसके ऊपर साफ की हुई मशरूम को फैला दिया जाता है तथा उसको पतले मशलिन कपड़े से ढक दिया जाता है, जिससे मशरूम में धूल न पड़े और सूखने दिया जाता है। अच्छी धूप होने पर 2–3 दिन में मशरूम सुख जाती है और इसे वायुरोधी (Air tight) पॉलीथिन या डिब्बो (Box) में पैक कर दिया जाता है।

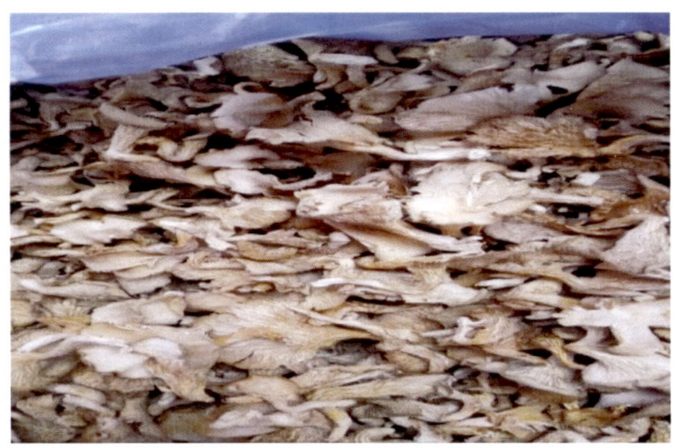

सुखा आयस्टर मशरूम

ii) **कृत्रिम ड्रायर द्वारा (Artificial drier)**– कृत्रिम रूपसे बनाये गये ड्रायर के अंदर मशरूम को रखकर सुखाया जाता है ड्रायर के अंदर 45 डिग्री सेन्टिग्रेट से 50 डिग्री सेन्टिग्रेट तापमान पर मशरूम को सुखाया जाता है। अच्छी तरह सूखने के पश्चात इसे वायूरोधी (Air tight) बॉक्स या पॉलीथिन बैग में रख दिया जाता है।

3. अचार बनाकर (Pickle)

अचार बनाने की विधि को मशरूम व्यंजन अध्याय 15 में वर्णित किया गया है।

4. अन्य उत्पाद (Other product)

उपर्युक्त विधि के अलावा और भी मशरूम का उत्पाद बनाकर संरक्षित किया जाता है जो निम्नानुसार है।

i) **मशरूम का पाउडर बनाकर**– मशरूम को सुखाने के पश्चात इसका पाउडर बनाया जाता है जिसका उपयोग सूप बनाकर या सीधे दूध में मिलाकर किया जाता है।

ii) **मशरूम बड़ी बनाकर**– अन्य बड़ी के समान ही मशरूम की बड़ी भी बनायी जाती है।

iii) **बिस्किट**– वर्तमान समय में मशरूम का बिस्किट भी तैयार किया जा रहा है।

मशरूम केनिंग का फ्लोचार्ट

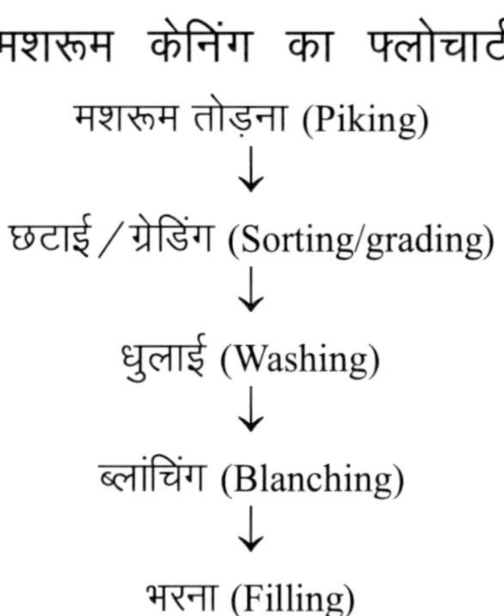

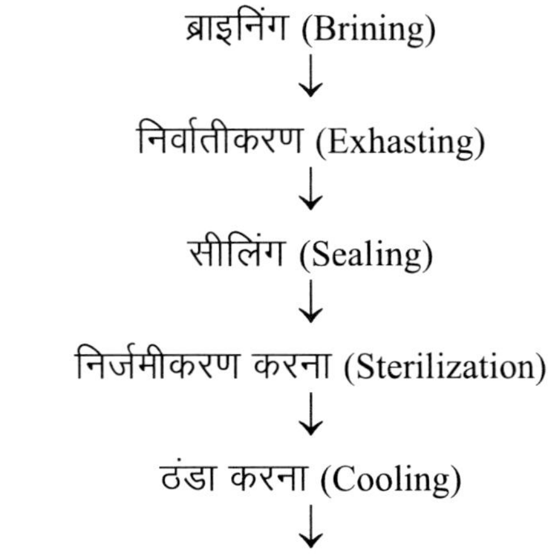

लेवल लगाना एवं विपणन करना (Labelling and marketing)

अध्याय 15

मशरूम व्यंजन (Mushroom Receipes)

मशरूम एक प्रकार का विशिष्ट पौष्टिक शाकाहार है। अन्य सब्जियों की भांति इसके भी अनेक प्रकार के व्यंजन बनाये जाते है। कुछ मुख्य व्यंजन बनाने की विधि दी जा रही है जो निम्नानुसार है।

1. मशरूम पकोड़ा

सामग्री	–	मात्रा
मशरूम	–	50 ग्राम
बेसन	–	50 ग्राम
हरी मिर्च	–	स्वादानुसार
नमक	–	स्वादानुसार
अदरक	–	पिसा हुआ (5 ग्राम के लगभग)
मसाला	–	4 ग्राम के लगभग (एक से डेढ़ चम्मच)
तेल या घी	–	तलने के लिये
हरी धनिया	–	50 ग्राम

विधि

i) मशरूम को स्वच्छ पानी में धो लें।

ii) धोने के पश्चात इसका पानी निचोड़े और चाकू की सहायता से छोटे–छोटे टुकड़ों में कांटे।

iii) हरी मिर्च और धनिया को कांट लें और अदरक को किस कर रख लें।

iv) बेसन को एक भगोने या गहरी थाली में लेकर उसमें पानी मिलावें और उसका पेस्ट बनाएं।

v) इस पेस्ट कटी धनिया, गरम मसाला, अदरक, नमक, मिर्च, मशरूम को डालकर अच्छी तरह से मिला लें।

vi) कढाई में तेल या घी डालकर गरम करें और छोटे–छोटे पकौड़े डालकर तल लें। पकौड़े बनने के बाद गरमा–गरम चटनी वे सॉस परोसकर खायें।

2. मशरूम कॉर्न सूप

समग्री	–	मात्रा
मशरूम	–	250 ग्राम
घी	–	20 से 25 ग्राम
नमक	–	स्वादानुसार
मसाला, शकर	–	स्वादानुसार
दुध	–	250 मि.ली.
अदरक	–	5 ग्राम
लहसुन	–	3 कली
कॉर्न	–	एक चम्मच

विधि

मशरूम को छोटे–छोटे टुकड़ो में काट लें। अदरक, लहसुन, प्याज भी पीस लें। इसके पश्चात आधा लीटर पानी में कटी मशरूम पिसें अदरक, लहसुन, प्याज डालकर उबालें जब अच्छी तरह से उबल जाये तब छान लें। अब फ्राई पॅान में मक्खन या घी डालकर मक्के का आटा भूने और उसमें दूध मिलायें। इस मिश्रण में छने हुए भाग को मिलाये और 10 से 15 मिनट तक उबालें एंव उसमें स्वादानुसार शक्कर, नमक और गरम मसाला मिलायें इस प्रकार मशरूम सूप तैयार करें।

3. मशरूम मटर की सब्जी

समग्री	–	मात्रा
मशरूम	–	250 ग्राम
प्याज	–	1 बड़ा
अदरक	–	पिसा हुआ या कटा हुआ 6 ग्राम लगभग

टमाटर	–	100 ग्राम
घी	–	50 ग्राम
मटर	–	250 ग्राम
नमक, मिर्च, मसाला	–	स्वादानुसार
लहसुन	–	3 कली
धनिया	–	25 ग्राम

विधि

सर्वप्रथम मशरूम को धो कर पानी निचोड़े एवं काट लें। प्याज, लहसुन, हरी मिर्च को काटकर घी में गुलाबी होने तक भूनें। टमाटर के छोटे–छोटे टुकडे काटकर इसमें डालें और कटे हुए मशरूम डालकर पकाएं। पकने के बाद हरी धनिया डालें।

4. अन्य सब्जी के साथ

उपर्युक्त मशरूम मटर सब्जी के अलावा मशरूम मटर के समान ही पत्ता या फूल गोभी, टमाटर, आलू और अन्य सब्जी के साथ पौष्टिक व्यंजन तैयार कर बनाये जा सकते हैं।

5. मशरूम पुलाव

सामग्री	**–**	**मात्रा**
मशरूम	–	50 ग्राम
प्याज	–	एक मध्यम आकार की
लहसुन	–	3 कली
हरी मिर्च	–	1 नग
अदरक	–	एक छोटा टुकड़ा
घी	–	एक चम्मच
नमक	–	स्वादानुसार
मटर	–	25 ग्राम
जीरा	–	लगभग 2 ग्राम
बासमती चांवल	–	डेढ़ कप

विधि

पुलाव बनाने के पहले चांवल को आधा घंटा पहले पानी में डाल दें जिससे पानी चांवल शोषित कर लें। प्याज, हरी मिर्च को काट लें एवं मशरूम को धो कर पानी निचौड़े एवं काट लें। फ्राई पॅन लें इसमें घी डाले एवं गरम करें, फिर लहसुन, हरी मिर्च, प्याज, जीरा डालकर सुनहरा होने तक भूनें एवं अदरक डालें मटर मिलाकर भूनें, तत्पश्चात् मशरूम मिलायें, फिर चांवल मिलाकर भाप में पकायें।

6. मशरूम की मीठी चटनी

सामग्री	–	मात्रा
मशरूम	–	1/2 किलो
चीनी	–	300 ग्राम
मसाला	–	15 ग्राम
नमक	–	1 1/2 चम्मच
अदरक	–	50 ग्राम
प्याज	–	25 ग्राम
लहसुन	–	5 ग्राम
हरी मिर्च	–	5 ग्राम
सिरका	–	5 ग्राम
तिली का तेल	–	2.2 मि.ली.
काली मिर्च	–	1/2 चम्मच

विधि

मशरूम को अच्छी तरह से धो लें एवं लम्बाई में काट लें। प्याज, हरी मिर्च, अदरक, लहसुन को महीन काट लें। कढ़ाई में तेल डालकर गर्म करें और उसमें प्याज डालकर भूनें, अब हरी मिर्च, अदरक, लहसुन, डालकर पकाए। इसमें खुम्भी, थोड़ा पानी डालकर नरम होने तक पकाएं, तत्पश्चात शंकर मिलाकर घुलने तक पकाएं। फिर इसमें नमक काली मिर्च और सिरका मिलाकर 6–7 मिनट तक पकाएं अंत में भूने मसाले मिलाकर लगभग 1 मिनट तक और थोडा पकाएं और ठंडा करके निर्जमीकृत किये हुए बोतल में भर कर रखें।

7. मशरूम का अचार (Mushroom Pickle)

सामग्री	–	मात्रा
मशरूम	–	1/2 किलो
जीरा	–	8 ग्राम
धनिया	–	12 ग्राम
मेथी	–	8 ग्राम
हल्दी पाउडर	–	10 ग्राम
सरसों	–	10 ग्राम
हरी मिर्च	–	लगभग 6
सिरका	–	25 मि.ली.
नमक	–	25 ग्राम
तिल का तेल	–	170 मि.ली.

विधि

मशरूम को 80 मि.ली. तेल में नमक मिलाकर स्टील के पॅान में 15–20 मिनट तक पका लें। एक दूसरे पॅान में धनिया, जीरा, मैथी भून कर पिस लें इसके पश्चात इसमें पिसे हुए सरसों और हल्दी पाउडर को एक साथ मिलायें। हरी मिर्च लंबाई में काटकर तेल में भूनें इसके बाद इसमें मशरूम एवं मसाले का मिश्रण डालकर मिलायें और अंत में सिरका मिलायें। उबलने तक स्टोव पर ही रखा रहने दें। अब स्टोव से हटाकर बॅाटल या चीनी मिट्टी की बरनी में भर दें बचा हुआ तेल गर्म करके ठंडा करें एवं बोंतलों में इतना भरें कि जब तक अचार डूब न जाये।

8. मशरूम भरवा शिमला मिर्च

समग्री	–	मात्रा
मशरूम	–	500 ग्राम
शिमला मिर्च	–	12 नग
उबला आलू	–	12 नग
प्याज बडे	–	4 नग

लहसुन	–	4 कली
दाल चीनी	–	2 ग्राम
तेल	–	300 मि.ली.
हल्दी पाउडर	–	1 चम्मच
ताजा अदरक	–	50 ग्राम
काली मिर्च	–	10–12 दाने
धनिया हरा	–	25 ग्राम

विधि

शिमला मिर्च को अच्छी तरह से साफ पानी में धो लें एवं डंडी के चारों ओर से काटकर डंडियों को बीज सहित निकाल लें। मशरूम और आलू को काटें, प्याज, हरी मिर्च, लहसुन, हरा धनिया अलग–अलग काटें। प्याज को तेल में भूरे होने तक भूनें एवं इसमें लहसुन, धनिया, हरी मिर्च मिलाकर भूनें। मसालें के साथ में कटी मशरूम और उबला आलू डालें और सूखने तक चलाते रहें अब मिश्रण को शिमला मिर्च में भरकर डंडीदार टोपी की सहायता से अच्छी तरह दबाऐं, अब धीमी आंच पर तलें, तलने के बाद गरमा गरम परोसें।

9. मशरूम की कढी

सामग्री	**–**	**मात्रा**
मशरूम	–	100 ग्राम
अदरक	–	5 ग्राम
लहसुन	–	4 कली
प्याज	–	1 नग
हल्दी	–	1 चम्मच
घी	–	1 चम्मच
दहीं	–	1 कप

विधि

मशरूम का धोकर काटें, प्याज को छोटे–छोटे टुकडों में काटें, अदरक और हल्दी को पीस लें। एक पॅान में घी गर्म करके इसमें जीरा, प्याज, अदरक, लहसुन, हल्दी

मिलाकर सुनहरा होने तक भूनें। मसाला और नमक आवश्यकतानुसार डालकर मिलाएं तथा इसमें दहीं मिलाऐं, पानी मिलाना चाहें तो थोडा पानी मिलाएं, मशरूम डालकर उसको पकाएं। पकाने के पश्चात इसके परोसें।

10. मटर मशरूम कढी

सामग्री	–	मात्रा
मशरूम	–	100 ग्राम
मटर	–	100 ग्राम
अदरक	–	5 ग्राम
लहसुन	–	4 कली
प्याज	–	1 नग
हल्दी	–	1 चम्मच
घी	–	1 चम्मच
दही	–	1 कप

विधि

मशरूम को धोकर काटें, प्याज को छोटे–छोटे टुकडों में काटें, अदरक और हल्दी को पीस लें। एक पॅान में घी गर्म करके इसमें जीरा, प्याज, अदरक, लहसुन, हल्दी मिलाकर सुनहरा होने तक भूनें। मसाला और नमक आवश्यकतानुसार डालकर मिलाएं तथा इसमें दही मिलाऐं, पानी मिलाना चाहें तो थोडा सा पानी मिलाएं, मशरूम एवं मटर डालकर उसको पकाएं। पकाने के पश्चात इसके परोसें।

अध्याय 16

मशरूम का विपणन
(Mushroom Marketing)

भारत में सबसे अधिक बटन मशरूम तथा इसके पश्चात आयस्टर एवं अन्य मशरूम जैसे मिल्की, पैडी स्ट्रा एवं शिटेक मशरूम का व्यवसायिक उत्पादन किया जाता है। हरियाणा एवं पंजाब बटन मशरूम के उत्पादन में सबसे अग्रणी राज्य है। भारत में दो प्रकार के मशरूम उत्पादक है प्रथम ऐसे उत्पादक जो मौसम आधारित मशरूम की खेती करते है एवं दूसरे उत्पादक जो वर्ष भर उत्पादित करते है। मौसम आधारित खेती करनें वाले उत्पादक शहर में तथा उसके आस पास के क्षेत्रो में मशरूम का विपणन करते है जबकि व्यवसायिक तौर पर उत्पादित करने वाले उत्पादक नमक के घोल (Brine solution) में संरक्षित करके निर्यात (Export) करते है। हिमाचल प्रदेश, जम्मू एवं कशमीर, उत्तर प्रदेश, उत्तरी–पूर्वी क्षेत्र एवं तमिलनाडू आदि राज्यो के पहाड़ी क्षेत्रो में मौसम के आधार पर श्वेत बटन मशरूम प्रमुखता से उत्पादित की जाती है। सर्वेक्षण के अनुसार भारत में मशरूम का उपभोग लगभग 60 प्रतिंशत उत्तरी भाग में तथा 20 प्रतिशत पश्चिमी भाग में किया जाता है।

मौसम के आधार पर ताजे (Fresh mushroom) का मूल्य भारत मे लगभग 50 से 100 रू. तक है। ठंडे मौसम की अपेक्षा गर्मी के मौसम में इसका मूल्य सर्वाधित होता है क्योकि उत्पादन लागत बढ़ जाती है। मांग के आधार पर इसकी कीमत शादियो के समय में बढ़ जाती है। भारत एक उष्ण कंटिबधीय देश है यहॉ पर मशरूम ताजी अवस्था में ही बेची जाती है।

निर्यातोन्मुख इकाइयां (Export oriented units)– भारत में निर्यातोन्मुख इकाइयां मुख्य रूप से पंजाब, देहरादून, गुड़गॉव, हैदराबाद, मद्रास, ऊंटी, पूना, हिमांचल प्रदेश एवं गोवा में स्थापित है जो लगभग प्रतिवर्ष 200 से 5000 टन मशरूम का निर्यात करती है।

निर्यात/आयात बाजार (Export /Import market)– भारत मुख्य रूप से सयुक्त राज्य अमेरिका (USA) को निर्यात करता है, इसके अलावा सयुक्त अरब अमीरात (UAE), रसिया, नीदरलैन्ड, जर्मनी, युनाइटेड किंगडम (UK), स्विटजरलैन्ड, डेनमार्क, इजरायल, स्वेडेन आदि देशो को भी निर्यात करता है। भारत में मशरूम यू.एस.ए., नीदरलैन्ड, स्विटजरलैन्ड, जर्मनी, कनाडा, फ्रांस, एवं जापान आदि देशो से आयात होता है। यूरोपियन एवं अमेरिकन देश संरक्षित मशरूम (Preserved) को पसंद करते है।

घरेलू बाजार (Domestic market)– मशरूम को ताजा, सूखा अथवा संरक्षित करके घरेलू बाजार मे विपणन किया जाता है। पहाड़ी क्षेत्रो में मशरूम का बहुतायत उत्पादन होता है वहॉ से उत्पादक मुख्य रूप से पंजाब, हरियाणा के मैदानी भागो एवं दिल्ली शहर तथा आस पास के इलाको में इसका विपणन करते है इसके अलावा आस पास के दूसरे अन्य राज्यो के शहरो में नवम्बर माह से फरवरी माह तक ताजे मशरूम का विपणन किया जाता है।

बाजार मांग (Market demand)– बटन मशरूम उपभोक्ताओं की पहली पसंद होती है इसलिये बाजार में बटन मशरूम की अत्यधिक मांग रहती है। उत्पादक से थोक व्यापारियो द्वारा मशरूम को खरीद कर बाजार में फुटकर विक्रेताओ को बेचा जाता है जो कि उपभोक्ताओ तक पहुचाते है।

बाजार रणनीतियां (Market strategies)– मशरूम के मांग के आधार पर बाजार की रणनीतिया तैयार की जाती है जो निम्नानुसार है। (i) ताजा एवं सूखा मशरूम सीधे उत्पादक से उपभोक्ता तक इन्टरनेट अथवा मेल के द्वारा आर्डर लेकर पहुचाया जा सकता है। (ii) थोक व्यापारी से संपर्क स्थापित कर (iii) संरक्षित उत्पाद (Preserved product) बनाकर एवं (iv) मूल्य संवर्धन (Value addition)।

प्रत्यक्ष विपणन (Direct marketing)– इस प्रकार के विपणन में प्रचार या प्रमोशन का ज्यादा रोल नही होता है इस प्रकार के विपणन में सीधे नेटवर्क के जरिये उत्पादक से उपभोक्ता तक मशरूम को पहुचाया जाता है। प्रत्यक्ष विपणन में थोक व्यापारी की अपेक्षा उत्पादक को अधिक लाभ होता है। प्रत्यक्ष विपणन में मशरूम को होटल, बिग माल अथवा उपभोक्ता से सीधे संपर्क कर आसानी बेचा जाता है।

थोक बाजार (Wholesale market)– थोक के द्वारा बेचने पर उत्पादक को प्रत्यक्ष विपणन की अपेक्षा कम फायदा होता है। जो उत्पादक सीधे नही बेच सकते

वे थोक व्यापारियो को बेचते है तथा थोक व्यापारी प्रचार प्रसार करके फुटकर व्यापारियों तथा ये फुटकर व्यापारियों उपभोक्ताओ तक पहुचाते है।

मशरूम का मूल्य संवर्धन (Value adding of fresh mushroom)– मशरूम की जब बाजार में भरमार होती है तब ताजे मशरूम से मूल्य सवंर्धित पदार्थ जैसे मशरूम पापड, मशरूम बड़ी, मशरूम बिसकिट, मशरूम सूप पाउडर, मशरूम कैन्डी एवं चिप्स आदि बनाकर सीधे उपभोक्ता को अथवा थोक व्यापारी को सीजन निकल जाने के बाद बेच कर अधिक आय अर्जित कर सकते है।

अध्याय 17

मशरूम उत्पादन का आर्थिक विश्लेषण (Economic Analysis of Mushroom Production)

मशरूम की खेती प्रारंभ करनें के पहले उसके आर्थिक पहलू को जानना अति आवश्यक है। मशरूम उत्पादन से हमे क्या लाभ है, क्या हानि है, इसका अध्यन करना अति जरूरी होता है। वैसे मशरूम का उत्पादन छोटे स्तर पर, मध्यम स्तर पर तथा व्यवसायिक स्तर पर किया जाता है। छोटे स्तर पर उत्पादक स्वयं उपयोग करनें के लिये घरो के बगीचों में 12'×10'×10' की घास की झोपड़ी बनाकर अथवा घर के खाली कमरे में उत्पादन करते है। मघ्यम स्तर के उत्पादक लगभग 5000 थौलो के लिये फार्म हाउस बनाकर उत्पादन करते है। व्यवसायिक स्तर पर मशरूम उत्पादन करनें वाले उत्पादक की कोई सीमा निर्धारित नही है। मशरूम उत्पादन का आर्थिक विवरण विभिन्न स्थानो पर भिन्न भिन्न होता है क्योकि कच्चे माल, उत्पादन सामग्री को ले जाने एवं ले आने में उत्पादन लागत भिन्न भिन्न होती है। दिन प्रति दिन महगाई बढ़ती जा रही है, इसलिये उत्पादन लागत में भी परिवर्तन आता है। मशरूम का आर्थिक विश्लेषण निम्नानुसार है।

श्वेत बटन मशरूम का आर्थिक विश्लेषण

श्वेत बटन मशरूम का आर्थिक विश्लेषण बी.के.मेहता एवं सहयोगी (2011) के अनुासार 20 टन कम्पोस्ट बनाने के लिये कुल खर्च एवं आमदनी एक ऋतु के लिये प्राकृतिक अवस्था (Natural condition) में निम्नानुसार है।

अ	स्थाई पूंजी (एक बार के लिये) भवन एवं भूमि	राशि
i)	0.05 एकड़ भूमि किराये पर एक ऋतु के लिये	2000.00
ii)	एक सीजन के लिये कच्चा घर ईट का या घास की झोपड़ी का निर्माण 60'x 20'x 12'=1200 स्क्वायर फूट / 25 / – स्क्वायर फूट कुल 30000 / – 3 ऋतु काएक सीजन का मूल्य	10000.00
iii)	उपकरण (छिड़काव यंत्र, बाल्टी, पानी की टंकी आदि) 5 सीजन के लिये 5000 / – 1 सीजन के लिये	1000.00
ब	**अस्थाई सामग्री एक बार उपयोग के लिये**	
i)	गेहूँ का भूसा 12 टन / 1000 / – प्रति टन	12000.00
ii)	गेहूँ का चोकर 3600 किलोग्राम / 6 / – किलोग्राम	21600.00
iii)	यूरिया 20 किलोग्राम प्रति टन कुल 240 किलोग्राम / 5 / – प्रति किलोग्राम	1200.00
iv)	काटन बीज की खली 60 किलोग्राम प्रति टन कुल 720 किलोग्राम / 10 / – प्रति किलोग्राम	7200.00
v)	जिप्सम 35 किलोग्राम प्रति टन कुल 420 किलोग्राम / 2 / – प्रति किलोग्राम	840.00
vi)	स्पॉन 5 किलोग्राम प्रति टन कुल 100 किलोग्राम / 50 / – प्रति किलोग्राम	5000.00
vii)	केसिंग 4 टन / 250 / – प्रति टन	2000.00
viii)	श्रमिक कम्पोस्टिंग, स्पानिंग, केसिंग एवं अन्य के लिये	12000.00
ix)	पानी का मूल्य	1000.00
x)	बिजली का खर्च	500.00
xi)	पेस्टीसाइड	1000.00
xii)	पोलीथिन (पैकिंग के लिये)	500.00
xiii)	पोलीथिन (फसल के लिये)	2000.00
xiv)	अन्य खर्चे	2000.00
	कुल खर्चा (1+2)	**81,840.00**

लाभ **(Return)**

कम्पोस्ट के भार के अनुसार 12 से 15 प्रतिशत उत्पादन 8 सप्ताह में औसत मूल्य 50 रू. प्रति किलो

i) 12 प्रतिशत, एक टन कम्पोस्ट में 120 किलो उत्पादन, 20 टन × 120 किलोग्राम मशरूम = 2,400 किलोग्राम मशरूम = रू. 1,20,000.00

ii) 15 प्रतिशत, एक टन कम्पोस्ट में 150 किलो उत्पादन, 20 टन x 150 किलोग्राम मशरूम =3000 किलोग्राम मशरूम = रू. 1,50,000.00

iii) कुल लाभ 12 प्रतिशत, रू. 1,20,000.00 – रू. 81,840.00 = **38,300.00**

iv) कुल लाभ 15 प्रतिशत, रू. 1,50,000.00 – रू. 81,840.00 = **68,000.00**

आयस्टर मशरूम की खेती का आर्थिक विश्लेषण

आयस्टर मशरूम की खेती कही भी बहुत आसान तरीके से वर्ष भर (मई–जून) के महीनों को छोड़कर की जा सकती है। इसके लिये विशेष कमरों को बनानें की आवश्यकता नही होती है। स्वच्छ जगह पर घास की झोपड़ी या कच्चे मकान में भी की जा सकती है। आयस्टर मशरूम को लिग्निन एवं सेल्यलोज युक्त किसी भी पोषाधार में उगाया जा सकता है जैसे गेहूँ का भूसा, धान का पुआल, सरसो का डंठल आदि।

(अ) स्थाई पूंजी

i)	भूमि उपलब्ध होने पर	
ii)	कच्चे माकान का बनाने 60′ x 20′ x 12′/20/– प्रति स्क्वायर फीट	24000.00
iii)	बॉस के रैक बनाने की कीमत बॉस सहित/325/– प्रति रैक 20 रैक x 325	6500.00
iv)	स्प्रेयर, ड्रम, बाल्टी, थर्मामीटर आदि की कीमत	7000.00
	कुल	**37500.00**

(ब) अस्थाई पूंजी

i)	गेहूँ का भूसा 6 कुटंल/400/– कुटंल	2400.00
ii)	पोलीथिन	600.00
iii)	स्पॉन 36 किलो/100/– प्रति किलोग्राम	3600.00
iv)	पेस्टीसाइड की कीमत	500.00
v)	1 मजदूर 2 माह के लिये 5000 रू. प्रति माह	10000.00

vi)	बिजली एवं पानी	2000.00
vii)	अन्य खर्चे	2000.00
	कुल	**21100.00**

(स) स्थाई पूंजी पर

ब्याज 10 प्रतिशत की दर से स्थाई पूंजी (अ) के ऊपर	3750.00
अवमूल्यन प्रभार 10 प्रतिशत की दर से स्थाई पूंजी (अ) के ऊपर	3750.00
कुल	**7500.00**

कुल व्यय

कच्चा भवन (ब + स) 21100.00 + 7500.00 28600.00

पैदावार से आय

कुल पैदावार 675 किलोग्राम

दर @ 80/– प्रति किलोग्राम 80 x 675 54000.00

शुद्ध लाभ

कच्चे भवन से 54000.00 – 28600.00 **25400.00**

पैडी स्ट्रा मशरूम की खेती का आर्थिक विश्लेषण

आयस्टर मशरूम की तरह पैडी स्ट्रा मशरूम की भी खेती कही भी बहुत आसान तरीके से गर्मी की ऋतु में की जा सकती है। इसके लिये विशेष कमरों को बनानें की आवश्यकता नही होती है। स्वच्छ जगह पर घास की झोपड़ी या कच्चे मकान में भी की जा सकती है। इसकी खेती के लिये धान का पुआल सबसे उपयुक्त माना जाता है।

(अ) स्थाई पूंजी

1.	भूमि उपलब्ध होने पर	
2.	कच्चे माकान का बनाने 60'×20'×12'/ 20/– प्रति स्क्वायर फीट	24000.00
3.	स्प्रेयर, ड्रम, बाल्टी, थर्मामीटर आदि की कीमत	7000.00
	कुल	**31000.00**

(ब) अस्थाई पूंजी

i)	धान का पुआल 6 कुटंल/80/– कुटंल	480.00
ii)	स्पॉन 18 किलो/80/– प्रति किलोग्राम	1400.00
iii)	पेस्टीसाइड की कीमत	500.00
iv)	बिजली एवं पानी	1000.00
v)	अन्य खर्चे	1000.00
	कुल	**4380.00**

(स) स्थाई पूंजी पर

ब्याज 10 प्रतिशत की दर से स्थाई पूंजी (अ) के ऊपर	448.00
अवमूल्यन प्रभार 10 प्रतिशत की दर से स्थाई पूंजी (अ) के ऊपर	448.00
कुल	**896.00**

कुल व्यय

कच्चा भवन (ब + स) 4380.00 + 896.00	5276.00

पैदावार से आय

कुल पैदावार 144 किलोग्राम	
दर/50/– प्रति किलोग्राम 50 x 144	7200.00

शुद्ध लाभ

कच्चे भवन से 7200.00–5276.00	1924.00

अध्याय 18

मशरूम उत्पादन के पश्चात बचे हुये अवशेष का उपयोग

(Uses of Spent Substrates after Mushroom Production)

मशरूम का उत्पादन कृषि अवशेषो पर किया जाता है जिसमे सेल्युलोज, लिग्निन एवं हेमीसेल्यूलोज पाया जाता है। भारत में सामान्यतः चार प्रकार की मशरूम की प्रजातिया जैसे ओयस्टर, बटन, मिल्की एवं पैडीस्ट्रा उगाई जाती है। इसे उगानें के लिये कृषि अवशेष जैसे गेहूँ, धान का भूसा, गन्ने की पत्ती, केले का तना, सरसो, मटर के भूसे, मक्के एवं ज्वार के तने की कुटटी आदि को निर्जीमीकृत करके उपयोग किया जाता है। बटन मशरूम की खेती में उपरोक्त अवशेषो के साथ रासायनिक उर्वरको एवं गोबर या मुर्गी या घोड़े की लीद आदि को मिलाकर सड़ाया जाता है तत्पश्चात मशरूम का उत्पादन किया जाता है। उष्ट एवं फाही (1990) के अनुसार पोषाधार जिस पर मशरूम पैदा होता है खेती के उपरान्त उसे मशरूम का अवशेष (Spent mushroom) कहते है।

ऐसा देखा गया है कृषक उपरोक्त अवशेषो को उत्पादन के पश्चात नष्ट कर देते है अथवा इधर–उधर फेक देते है जिससे वह धूप या बरसात में नष्ट हो जाता है। मशरूम उत्पादन के पश्चात इन शेष अवशेषो में सर्वाधिक पोषक तत्व पाये जाते है जिसका की भूमि में उपयोग करके फसल की उपज को बढ़ाया जा सकता है।

तालिका 7: धान्य फसल अवशेषो की रसायनिक संरचना (प्रतिशत शुष्क भार के अनुसार)

धान्य फसल अपशेष	सेल्युलोज	हेमीसेल्युलोज	लिग्निन
धान का पुआल	36	27	16
गेहूँ का भूसा	43	39	14
जौ का भूसा	40	39	13
मक्का का भूसा	18	31	—

स्त्रोतः राय एवं सक्सेना (1990)

सिंग एवं अन्य सहयोगी (2003) तथा ला एवं अन्य सहयोगी (2003) नें अनुसंधान के दौरान पाया कि औसत 200 ग्राम आयस्टर मशरूम उत्पादन से लगभग 600 ग्राम मशरूम उत्पादित अवशेष प्राप्त होता है तथा 1 किलोग्राम बटन मशरूम उत्पादन से 5 किलोग्राम मशरूम उत्पादित अवशेष प्राप्त होता है।

तालिका 8: मशरूम उत्पादक अवशेष में विभिन्न तत्वो की मात्रा

तत्व	इकाई (प्रतिशत शुष्क भार के अनुसार)	ताजा	8–16 माह पुराना
सोडियम	%	0.72	0.22
पोटेशियम	%	2.35	1.08
मैग्नीसियम	%	0.71	0.91
कैल्सियम	%	4.93	6.16
एल्यूमीनियम	%	0.40	0.80
लोहा	%	0.44	0.92
फास्फोरस	%	0.36	0.55
अमोनियम	%	0.11	0.03
जैविक नत्रजन	%	1.83	1.89
कुल नत्रजन	%	1.93	1.92
ठोस तत्व	%	43.39	49.43
उड़नशील ठोस	%	62.78	44.29
पी.एच.	मानक इकाई	7.28	8.05

मैग्नीज	पी.पी.एम. (ppm)	332.92	438.62
कापर	पी.पी.एम. (ppm)	46.26	61.68
जिंक	पी.पी.एम. (ppm)	103.88	136.41
लेड	पी.पी.एम. (ppm)	14.89	18.17
क्रोमियम	पी.पी.एम. (ppm)	8.53	11.31
मरकरी	पी.पी.एम. (ppm)	0.07	0.19
निकेल	पी.पी.एम. (ppm)	11.93	15.74
कैडमियम	पी.पी.एम. (ppm)	0.43	0.32
एन.पी.के.	पी.पी.एम. (ppm)	1.9—0.4—2.4	1.9—0.6—1.0

पिल एवं अन्य सहयोगी (1993) के अनुसार इसमें विभिन्न प्रकार के लाभकारी सूक्ष्मजीव (फफूंद : एसपरजिलस, पेनिसीलियम, ट्रायकोडर्मा, म्यूकर, फयसेरियम, फेनेरोकीट, गेनोडर्मा ल्युसिडम आदि एवं जीवाणु : नोकारडिया, स्यूडोमानास, एक्टिनोबेक्टर, कार्नीबेक्टीटियम, स्ट्रेप्टोमाइसेस, माइकोबैक्टिरियम, बैसीलस माइक्रोकोकस, एरोमोनास आदि) पाये जाते है साथ ही ये अवशेष पोषक तत्वो से भरपूर होते है। मशरूम उत्पादित किये हुये कम्पोस्ट का उपयोग यदि फसल उत्पादन में करते है तो उत्पादन बढ़ता है।

मशरूम उत्पादन के पश्चात बचे हुये अवशेष का उपयोग निम्नानुसार कर सकते है–

1. **कार्बनिक खाद के रूप मे प्रयोग–** यदि मशरूम उत्पादित अवशेष को कृषि भूमि मे मिलाया जाय तो मृदा स्वास्थ में पर्याप्त सुधार होता है, क्योकि इसमे पर्याप्त मात्रा में कार्बनिक तत्व तथा विभिन प्रकार के अन्य पोषक तत्व उपस्थित रहते है जो मष्दा की संरचना में सुधार के लिये अपनी अहम भूमिका निभाते है तथा पानी के अवशोषण में भी सुधार करते है माले (1981) ने अनुसंधान मे पाया कि बटन मशरूम उत्पादन के पश्चात बचे हुये कम्पोस्ट को पत्ता गोभी, टमाटर एवं फूलगोभी के उत्पादन में उपयोग करते है तो अश्चर्य जनक वृद्धि पायी गई। मिगनुक्की (1980) के अनुसार इसे रसायनिक खाद के विकल्प के रूप में भी उपयोग किया जा सकता है।

2. **जैविक पौध नियंत्रण–** मशरूम उत्पादित अवशेष को यदि मृदा में मिलाया जाय तो भूमि जनित रोगो के नियंत्रण में अश्चर्यजनक लाभ होता

है। हुआंग (1997), हुआंग एवं हुआंग (2000) ने अध्ययन मे पाया कि शिटाके मशरूम के उत्पादन के फलस्वरूप निकली कम्पोष्ट को जब मृदा में मिलाया जाता है तो इससे पत्ता गोभी का राइजेक्टोनिया पौध गलन रोग का प्रभाव कम हो जाता है। लिन एवं चुइन (1993) के अनुसार कम्पोष्ट प्रयोग करने से टमाटर का उकठा रोग ठीक हो जाता है। इसी प्रकार से इसके प्रयोग से अनेक प्रकार के मृदा जनित रोग एवं सूत्रकृमि द्वारा फैलने वाले रोगो को कम किया जा सकता है।

3. **मशरूम उत्पादन में** – मशरूम के अवशेष को मशरूम की दूसरी फसल उगानें में किया जा सकता है। क्यूमिओ (1983) ने *वोलवेरिल्ला* की खेती के उपरान्त बचे अवशेष को ओयस्टर मशरूम के उत्पादन में उपयोग किया तथा उन्होनें पाया कि यदि अवशेष में अतिरिक्त 20 प्रतिशत धान की भूसी का प्रयोग कर, पाश्चुरीकृत करके ओयस्टर मशरूम का उत्पादन किया। इसी प्रयोग को शर्मा एवं जान्डाइक (1983) नें दोहराया तो सामान परिणाम प्राप्त हुये ।

4. **पशु आहार के रूप में** – भूसे में उपस्थित लिग्निन एवं सेल्यूलोज को मशरूम छोटे छोटे अणुओं में विभक्त कर देता है जो कि पशुओं के लिये एक सुपाच्य आहार होता है क्योकि मशरूम द्वारा छोड़ी गई इन्जाइम को जब पशु आहार के रूप में ग्रहण करता है तो वह पशु के पेट में आहार के पाचन की तीव्रता को बढ़ा देता है। जाड्राजील (1974) में अपने प्रयोग में पाया कि *प्लुरोटस फ्लोरिडा* मशरूम की प्रजाति गेहूँ के भूसे में उपस्थित लिग्निन एवं सेल्यूलोज के बड़े–बड़े अणूओ को छोटे–छोटे अणुओ में विभक्त कर देता है।

5. **बायोगैस संयन्त्र में** – मशरूम की कटाई के बाद बचे हुये अवशेष को यदि गोबर के साथ मिलाकर गोबर गैस संयन्त्र में उपयोग किया जाय तो गोबर कम लगता है और खर्चा भी कम होता है। राजेन्द्र कृषि विश्वविद्यालय, पुसा बिहार में किये गये अनुसंधान फलस्वरूप यह पाया गया कि जलकुंभी में आयस्टर मशरूम के अवशेष को मिलाने से 12 दिन के अन्दर ही गैस बनना शुरू हो जाती है एवं जिससे जल्दी कम्पोस्ट बन जाता है।

6. **वर्मीकम्पोस्ट बनाने में** – बटन, ओयस्टर, मिल्की एवं पैरा मशरूम के उत्पादित अवशेष वर्मी कम्पोस्ट बनाने एक अच्छा माध्यम है।

7. **जैविक खेती में** – आजकल पीड़को को नष्ट करने के लिय रसायनो का प्रयोग बहुतायत से किया जा रहा है जिससे मृदा, वायू एवं जल प्रदूषित हो रहा है। यदि उत्पादित अवशेष का प्रयोग जैविक खेती के रूप में किया जाय तो उत्पादन बढ़ने के साथ–साथ वातावरण भी प्रदूषित होने से बच सकता है।

8. **जीवनाशियो के अपघटन मे** – बम्पस एवं अन्य सहयोगी (1958) के अनुसार *प्लुरोटस फ्लोरिडा* एवं *लुरोटस सजोकाजू* पीड़कनाशक के अपघटन में सहायक है।

अध्याय 19

संदर्भ (References)

Bano, Z. and Rajarathnam, S. (1982). Plevrotus mushroom as an nutrious food, in tropical mushroom. Biological mature and cultivation methods, Chang, S.T. and quimio, T.H., Eal; *Chinese university press Hong Kong*, 363-380.

Chang, S.T. (1964). The influence of cultural methods on the production and nutritive content of *Valvariella volvacea. Chang chi*, J., 4, 76-84.

Chang, S.T. and Hayes, W.A. (1978) Eds. The biology and cultivation of edible mushrooms, *Academic Press*, New York.

Chang, S.T. and Miles, P.G. (1987). Historocal record of the early cultivations of lentinus in china. *Mushrooms J. Trop*. 7, 37.

Li, G.S. F. and Chang, S.T. (1982). The nucleic acid content of some edible mushroom. *Eur. J. Appl. Microbial. Biotechnol*., 15, 238-240.

Li, G.S.F. and Chang (1982). Nutritive value of *Volvariella valvaciea* in tropical mushroom – Biological nature and cultivation methods, Chang, S.T. and quimio, T.H., Eds. *Chinese University Press, Hong Kong* 199-219.

Quimio, T.H. (1982). Biological considerations of *Auricularia* spp. in tropical mushroom. Chang, S.T. and Quimio, T.H., Eds. *Chinese university press Hong Kong*, 397-408.

Sharma, A.D. and Jandaik, C.L. (1983a). Some Preliminary Observations in the Occurrence of Sibirina rot of Cultivated Mushrooms in India and its control. *Taiwan Mush*. **6** (1, 2): 38-42.

Singh, Satpal.; Singh, Gopal.; Rahul Siddarth, N.; Pratap, Bhanu.; Tyagi, Sonika.; Kumar, Ankit.; Bankoti, Priyanka. and Pandey, Ravi Kumar (2017). Studied on the improvement of spawn production by supplementation of different sugars and its spawn. *International Journal of Agriculture Sciences*, **9**(4), pp.-3717-3720.

Zadrazil, F. (1974). The Ecology and Industrial Production of *Pleurotus ostreatus, P. florida, P. cornucopiae and P. eryngii. Mushroom Sci.* **9** (2): 621-52.

अध्याय 20

मशरूम पर प्रकाशित महत्वपूर्ण साहित्य (Important Literature Published on Mushroom)

1. जर्नल (Journals)

i) Indian Journal of Mushroom. Indian Mushroom Growers Associat Mushroom Research Laboratory, Chambaghat, Solan - 173213

ii) Mushroom Research. Mushroom Society of India, NCMRT, Chambaghat Solan - 173213.

2. बुलेटिन (अंग्रेजी में)

i) A.J. Roy, M.T. Khan, J.P. Kanuijia and T.P.S. Bhandari. Mushroom Cultivation.

ii) B. Vijay and Yash Gupta (1994). Cultivation of White Button Mushroom (*Agaricus bisporus*). National Center for Mushroom Research and Training, Chambaghat, Solan - 173213, Himachal Pradesh, 73 p.

iii) B.L. Dhar (1994). Farm Design for White Button Mushroom Cultivation. National Centre for Mushroom Research and Training, Chambaghat, Solan - 173213, Himachal Pradesh, 26 P.

iv) D.S. Chahal (1974). Mushroom Growing for Beginers. Punjab Agricultural University, Ludhiana - 141004, 18 p.

v) H.S. Sohi (1974). Mushroom Cultivation. Indian Institute of Horticultural Research, Hessaraghatta Lake Post, Bangalore 560089.

vi) H.S. Sohi (1986). Cultivation of Edible Mushroom. National Centre for Mushroom Research and Training, Chambaghat, Solan – 173213 Himachal Pradesh, 16 p.

vii) H.S. Sohi (1986). Diseases and Competitor Moulds Associated with Mushroom Culture and their Control. National Centre for Mushroom Research and Training, Chambaghat, Solan - 173213, Himachal Pradesh, 12 p.

viii) H.S. Sohi, M.S. Bhandal and K.B. Mehta (1986). Souvenir on Mushrooms. National Centre for Mushroom Research & Training Chambaghat, Solan - 173213, Himachal Pradesh, 100p.

ix) H.S. Garcha (1976). Mushroom Culture. Punjab Agricultural University, Ludhiana - 141004, 29 p.

x) H.S. Garcha (1980). Mushroom Growing. Punjab Agricultural University, Ludhiana - 141004, 54 p.

xi) Indo-Dutch Mushroom Projects, Directorate of Horticulture, Jeolikote, Distt. Nainital, Uttar Pradesh, 12 p.

xii) K.B. Mehta (1990). Mushroom Recipes. National Center for Muslroom Research and Training, Chambaghat, Solan - 173213, Himachal Pradesh, 17 p.

xiii) Marimuthu, A.S. Krishnamoorthy, K. Sivaprakasan and R. Jeyarajan (1989). Oyster Mushroom Cultivation. Tamil Nadu Agricultural University, Coimbatore - 641003.

xiv) R.P. Tewari (1977, 1983 & 1986). Mushroom Cultivation. Indian Institute of Horticultural Research, Hessaraghatta Lake Post, Bangalore 560089

xv) R.C. Upadhyay (1990). Cultivation of Oyster Mushroom. National Center for Mushroom Research and Training. Chambaghat, Solan - 173213, Himachal Pradesh, 17 p.

xvi) R.K. Agarwala and C.L. Jandaik (1986). Mushroom Cultivation in India, Y.S. Parmar University of Horticulture and forestry, Nauni, Solan - 173230, Himachal Pradesh, 83 p.

xvii) R.L. Munjal and J.C. Anand (1979). Mushroom Cultivation. Indian Agricultural Research Institute New Delhi - 110012, 22 p.

xviii) R.L. Munjal (1978). Mushroom for Every Home. Indian Agricultural Research Institute New Delhi - 110012, 6 p.

ix) R.N. Verma (1979). Cultivation of Paddy Straw Mushroom, I.C.A.R. Research Complex, Umroi Road, Barapani - 793103 Meghalaya, 15p.

xx) R.N. Verma (1980). Cultivation of Oyster Mushroom (Pleurotus spp.) in the North Eastern Hill States. I.C.A.R. Research Complex, Umroi Road, Barapani - 793103 Meghalaya.

xxi) R.P. Singn (1986). Successful Mushroom Production. G.B. Pant University of Agriculture and Technology, Partnagar - 283145, Ep.

xxii) S. Kannaiyan and K. Ramasamy (1975). Edible Mushroom. Tamil Nadu Agricultural Univerisity, Coimbatore-641003.

xxiii.) S. Saxena and R.D. Rai (1990). Post-harvest Technology of Mushroom. National Center for Mushroom Research and Training, Chambaghat, Solan - 173213, Himachal Pradesh, 18 p.

xxiv) S.R. Sharma and Kiran Thakur (1994). Mushroom Cultivation in India. National Center for Mushroom Research and Training, Chambaghat, Solan - 173213, Himachal Pradesh, 50 p.

xxv) S.R. Sharma (1994). Diseases of Mushroom and their Management, National Center for Mushroom Research and Training. Chambaghat. Solan - 173213, Himachal Pradesh, 43 p.

xxvi) Kaul (1983). Cultivated Edible Mushroom. Regional Research Laboratory (C.S.I.R.) Jammu, 56 p.

xxvii) Yash Gupta and S.R. Sharma (1994). Mushroom Spawn Production. National Center for Mushroom Research and Training, Chambagiat, Solan - 173213, Himachal Pradesh, 44 p.

3. किताबें (Books) अंग्रेजी में (In English)

i) Bahl, N. (1984). Handbook on Musliroom, Oxford and BR, New Delhi, 123 p.

ii) Chadha, K.L. and Sharma, S.R. (1955). Advances in Horticulture. Volume 13, Mushroom. Malhotra Publishing House, New Delhi. 619 p.

iii) Garcha, H.S. (1984). A Manual of Mushroom Growing, PAU Publication, Ludhiana, 54 p.

iv) Kannaiyan, S. and Ramasamy, K. (1980). A Handbook of Edible Mushroom. Today and Tomorrow's Printers and Publishers, New Delhi, 104 p.

v) Kapoor, J.N. (1989). Mushroom Cultivation. ICAR Publication, New Delhi, 89 p.

vi) Marimuthu, T., Krishnamoorthy, A.S. anau Jcyarajan. R. (1991). Glimpses of Mushroom Research in Tamil Nadu Agricultural University. TNAU Publishers, Coimbatore.

vii) Purkayastha, R.P. and Chandra, A. (1985). Manual of Indian Edible Musluoonis. Today and Tomorrow's Printers and Publishers, New Delhi, 266 p.

viii) Quimio, S.T., Chang, S.T. and Royse, D.J. (1995). Technical Guidelines for Mushroom Growing in the Tropics. FAO Plant Production and Plant Protection Paper 106, 155 p.

ix) Sharma, S.R. and Mehta, K.B. (1991). Bibliography of Mushroom Research of India, NCMRT Publication, Solan, 214 p.

x) Sharma, S.R. and Thakur, K. (1992). Mushroom Workers in India Directory. NCMRT Publication, Solan, 177 p.

xi) Singh, H. (1991). Mushrooms - The Art of cultivation. Sterling Publishers Pvt. Ltd., New Delhi, 120 p.

xii) Tewari, S.C. and Kapoor, P. (1988). Mushroom Cultivation: An Economic Analysis. Oxford and IBH, New Delhi, 28 p.

xiii) Singh, Reeti and Singh, U.C. (2005). Modern Mushroom Cultivation. Agrobios Jodhpur India, p. 229.

xiv) Singh, S.K. and Jha, P.K. (2014). Mushroom Production and Utilization. Scintific Publisher India, p. 188.

4. हिन्दी में (In Hindi)

i) Kumar, T.R. Shandilya and R.S. Chaudhary (1989). Khumb Ki Kheti (Mushroom Cultivation). Directorate of Extension Education, U.H.F. Solan, 72 p.

ii) Markande, S.S. Thakur and S. Katiha (1987). Himachal Pradesh men Khumb, Ki Kheti (Mushroom Cultivation in Himachal Pradesh), Department Horticulture. Naubahar, Shiinla, 19 p.

iii) Mushroom (Chatrak) Ki Kheti (Mushroom Cultivation) Directorate of Extion Education, Sukhadia University, Udaipur, 1983.

iv.) Mushroom (Chatrak) Protein Ukath Khadiha Padaraih (Mushroom Nutrition). Directorate of Extension Education, Sukhadia University, Udaipur, 1982.

v) Mushroom Ki Kheti (Mushroom Cultivation) Indo-Dutch Mushroom Project, Jcolikoto, Nainital, 6 p.

vi) Mushroom-Ek Paushtik Ahar (Mushrooms - A Nutriticus Food). lado - Dutch Mushroom Project Jcolikot Nainital A.J. Roy, M.T. Khan and J.P. Kanaujia. 24 p.

vii) Pathak. V.N., Singh, R.B., Majumdar, V.L. and Verma, O.P. (1983). Mushroon Ki Kheti. SKN College of Agriculture, Jobner.

viii) R.P. Singh. Adhunik Mushroom Utpadan (Modern Mushroom Cultivation). G.B. Pant University of Agriculture and Technology Pantnagar, Nainital, 12 p.

ix) Training manual on Mushroom (1999). (Eds. S.K. Singh and K.L. Ojha) Mushroom Centre, Deptt of Mircobiology, FBS & H, RAU, Bihar, P: 3-848125 Samastipur.

x) Yasli Gupra and B. Vijay (1992). Shwet Button Klumb Ka Utpadan Cultivation of White Button Mushroom), NCMRT Publication, Solan. 72 p.

xi) Sunil Kumar Mandal and Anita Kumari (2016). Mushroom Utpadan, Parirakshan avam Vipanan. Krishi Gyan Ganga Astral International PLT Daryaganj, New Delhi.

अध्याय 21

प्रशिक्षण केन्द्र (Training Centres)

(अ) भारत में उपलब्ध प्रशिक्षण सुविधाऐं
(Training Facilities in India)

1. Agriculture College and Research Institute
   Tamil Nadu Agricultural University
   Madurai - 6251042

2. Angara Village Industries
   P.O. Angara, Ranchi

3. Arch Bishop's House
   Training Centre, Near St. Mary's Pattom
   Thiruvanathapuram

4. Bharatiya Agri - Industries Foundation
   Urali - Kanchan. Pune

5. Centre of Tropical Mushroom Research and Training (CTMRT)
   Orissa University of Agriculture and Technology (OUTA)
   Bhubaneswar - 751003

6. College of Home Science
   Bapatla - 522101. (A.P.A.U.)
   Guntur, Andhra Pradesh

7. Department of Horticulture
   Solan - 173213, Himachal Pradesh

8. Department of Horticulture
   11, Nemi Road, Dehradun
   Uttrakhand

9. Department of Microbiology, PAU
Ludhiana at PAU Campus as well as at
PAU, KVK's in Different Districts of State

10. Directorate of Extension Education
Rajasthan Agriculture
University, Udaipur - 313001

11. Department of Plant Pathology
Indira Gandhi Krishi Vishwa Vidyalaya
Raipur - 492012

12. Department of Plant Pathology
Bidian Chandra Krishi Vishwavidyalaya, Mohanpur, Nadia

13. Department of Plant Pathology College of Agriculture
Rajendranagar, Andhra Pradesh Agricultural Univeristy, (A.P.A.U.)
Hyderabad

14. Department of Plant Pathology
College of Agriculture Mahatma Phule Krishi Vidyapeeth
Pune - 411005

15. Deparunent of Plant Pathology
College of Agriculture, Kerala
Agricultural University. Vellayani - 695522

16. Departmeni of Plant Pathology
Narendra Dev University of Agriculture &
Technology, Kumarganj, Faizabad

17. Department of Plant Pathology
Tainil Nadu Agriculture University
Coimbatore - 641003

18. Directorate of Exu. Education
CCS, Haryana Agricultural University
Hissar - 125004

19. Directorate of Horticulture
Govt. of Rajasthan, Jaipur

20. Department of Agriculture
Govt. of Rajasthan, Jaipur

21. Division of Mycolcgy and Plant Pathology
Indian Agricultural Research Institute
New Delhi - 110012

22. Division of Plant Pathology
Indian Institute of Horticultural Research: Hessaraghatta
Lake Post, Bengaluru - 560089

23. Department of Horticulture
Lalbagh, Bangalore

24. Dr. Y.S. Parmar, University of Horticulture & Forestry
Nauni, Solan - 173213

25. Farmer's Training Centre
Ela, Old Goa - 403402

26. Horticulture Department
Public Gardens, Hyderabad, Andhra Pradesin

27. Indo - Dutch Mushroom Project
Jeolikot, Nainital, U.P.

28. Krislu Gyan Kendra
Koibi N. 130, Sector - 13 Urban Estate
Kurukshetra - 132118. Hariyana

29. Krishi Vigyan Kendra
Old Goa - 403402

30. Krishi Vigyan Kendra
Badgaon, Udaipur, Rajastian

31. Mushroom. Demonstration cum
Training Centre, Srinagar/
Anantnag/Baramula, J&K

32. Mushroom Centre
Department of Microbiology FBS & H
Dr Rajendra Prasad Central Agricultural University
PUSA, Samastipur, Bihar

33. Mushroom Demonstration cum
Training Centre, Talab Tillo (Jammu)

34. Mushroon Development Centre
Directorate of Horticulture
Govt. of Arunachal Pradesh, Nahariagun

35. Mushroom Production & Training
Centre. CASA Office Opp. Home Science College
Bapatla, Guntur Distt. A.P.

35. Mushroom Research Lab.
Gobind Vallabh Pant University of Agricultural and Technology
Pantnagar - 263145, U.K.

36. Mushroom Research Laboratory
Marchak, 1.3. Ranipur, East Sikkim

37. Naririketan Khamadih
Raipur (CG)

38. National Centre of Mushroom
Research and Training Champaghat
Solan - 173213, Himachal Pradesh

39. Regional Agriculture Research Station
Kerala Agricultural University, Kumarakom
Kottyam - 686566 Kerala

40. Regional Centre for Training and Production of Mushrooms
Department of Agriculture, Govt. of Meghalaya

41. Rice Research Station
Kayainkulam - 690 502, Kerala

42. Rubber Research Station of India
Kottayam Niketan, Vellanad, Trivandrum

43. Spawn Laboratory
Directorate of Horitculture
Kohima, Nagaland

44. Sramajeevi Unyan
P.O. Patamba, East Singhbhum

(ब.) परामर्श सेवाऐं (Consultancy Services)

1. भारतीय (Indian)

1. Agri. Consultancy Company
Teg's Masrado Limited, F-17, Hauz Khas Enclave
2nd Floor, New Delhi - 110016

2. Agro Ind. Pvt. Ltd.
DVB - 325, New Friend's Colony, New Delhi - 110065

3. Director
National Centre for Mushroom Research and Training
Chambaghat, Solan - 173213, Himachal Pradesh

4. Milkway Farm Fresh Products
B - 196, Surajmal Bihar
Delhi - 110092

5. Mr. Rajiv Malhotra
A - 63, Lajpat Nagar - II, New Delhi - 110024

6. Projects Consultancy Division
Olympic Management & Financial Service Limited
42, Gopal Bhawan 199, Princess Street, Bombay - 400002

7. Spam Agri, Pvt. Limited
A - 11/1 Vasant Vihar, New Delhi - 110057

8. Besant Raj Consultants Pvt. Ltd.
35, 2nd Cross Street, R.K. Nagar, Madras - 600028

9. Suman Food Consultants
B-168, East of Kailash
New Delhi - 110065

10. Unitrade
    Bhagat Wing, Claridges, 12, Aurangzeb Road
    New Delhi - 110001

(स.) मशरूम संवर्धन प्राप्त करने के स्त्रोत

(Sources of mushroom cultures)

1. National Centre for Mushroom
   Research and Training
   Chambaghat, Solan - 173213 (H.P.)

2. Division of Mycology and Plant Pathology
   IARI, New Delhi - 110012

(द.) मशरूम स्पॉन प्राप्त करने के स्त्रोत

(Sources of mushroom spawn)

1. A.C.S. Laboratory
   Narvana

2. Angara Village Industries
   PO. Angara, Ranchi

3. Ashbro Farms
   T-83. 5th Main Road, Anna Nagar, Madras - 600040

4. Agro Products
   E-18. Green Park Extension
   New Delhi - 110016

5. Bharatiya Agro Industries
   Foundation, Uralikanehan Distt., Pune

6. Braluma Spawn Production Centre
   Saheed Nagar, Bhubaneshwar

7. Centre of Tropical Mushroom Research & Training
   Department of Plant Pathology, O.U.A.T.
   Bhubaneshwar – 751003

8. Chahal Cold Stores
V - Klol, Distt. Hoshiarpur, Punjab

9. Classique Mushrooms,
16. PS. Krisnan Street K.K., Pudur
Saibaba Colony, Coimbatore-64038

10.` Department of Horticulture
Lalbagh, Bangalore

11. Department of Microbiology
PAU, Ludiana - 141004

12. Department of Plant Pathology
College of Agriculture
Tamil Nadu Agricultural University
Vellayani - 695522

13. Department of Plant Pathology
Bidhan Chandra Krishi Vishwavidyalays
Mohanpur, Nadia, W.B.

14. Department of Plant Pathology
I.G.K.V.V. Raipur - 492012

15. Diamond Mushroom Products
Ambatinagar, Near Spencer Co.
Errabalem Post, Mangalagiri Mandal, A.P.

16. Division of Mycology and Plant
Pathology, IARI, New Delhi - 110012

17. Division of Plant Pathology
Indian Institute of Horticultural Research
Hessaraghatta, Lake Post, Bangalore - 560089

18. Flex Food Ltd.
Lal Tappar Industrial Area
Hardwar Road, Dehradun

19. Ganesh Rajah Organizations Pvt.
558, Anna Salai, Teynampet
Madras - 600018

20. Golden Foods Exports
Flat No. 3/3 55, Lanugs Garden Road
Pudanur, Madras - 600002

21. Harisons Ice and Refrigeration
Buland Est. Badaun Road
Nekpur, Bareilly - 243001

22. High Tech Mushroom Development
Agency, Angargadia, Balasore

23. Himalyana Spawn Laboratory
Kangaghat, 173213
Distt. Solan, Himachal Pradesh

24. Hindustan Bio-fertiliser
NII Pubusahi, Khurda

25. Hooghly Mushroom Research
Society (NGO) 15/1 Battala Bye Lanc
P.O. Hidmotor, Hooghly – 712223

26. Department of Plant Pathology
KNK College of Horticulture
Mandsaur, (MP)-458001